有機反応機構

酸・塩基からのアプローチ

奥 山 格 著

東京化学同人

は じ め に

　有機化学は物質変換の科学であり，有機反応がその中心を占めている．私たちの惑星，地球は何千万という有機化合物で彩られており，有機反応によってさらに新しい化合物が生まれている．そして，有機化学者は有機反応を用いて有用な物質をつくり出し，私たちの快適な生活を支えている．生命現象も有機反応の賜物であり，私たちの存在そのものが有機反応に依存しているといえる．

　有機化学を学ぶうえでは有機反応を理解することが重要であるが，多種多様な有機反応を暗記もののように個別に考えていくことは途方もない作業になってしまう．覚えたものは忘れるものである．大事なことは，反応がどのように進むのか，反応機構を軸にして論理的に積上げていくことである．

　有機化合物は，広く考えればすべて酸あるいは塩基であり，両方の性質をもっているものも少なくない．酸と塩基の反応では塩基から酸に電子対が動くので，有用な有機反応の大部分は有機極性反応である．したがって，反応機構も酸と塩基の反応として統一的に表すことができる．それによって，混沌としていた数多くの有機反応が関連づけられ，秩序だった理解が可能になる．

　本書は，このように酸・塩基の考え方に基づいて有機極性反応の機構を初学者のために基礎から解説するものである．大学初年度の基礎的な課程で化学結合論や有機化学の基礎をすでに学んだ学生諸君は 1 章を読み飛ばしてもよい．学生諸君は，反応機構を覚えるのではなく，反応機構を説明できるようにならなければならない．さらに進んでどのように反応するのか反応機構を予測できるように勉強してほしい．そうすれば，有機化学の発展的な内容も納得して理解できるようになるだろう．

　本書では，まず 1 章で化学結合論，立体化学，分子間相互作用と溶媒効果などの基本的な事項を解説し，2 章で酸塩基反応について述べる．ここで有機分子の構造と反応性の定量的な取扱いも導入する．3 章では，有機反応における電子の動きと軌道相互作用，反応のエネルギーと反応速度について述べ，有機反応の物理化学的側面をやさしく解説する．ついで，4 章から 10 章にわたって

化合物の種類（官能基）ごとに実際の有機反応を取上げ，反応機構を考えていく．最後の章（11章）では，酸と塩基の触媒としての働きをまとめて説明し，この本を完結する．

　最後に，本書をまとめるにあたりいろいろとご助言を賜った先生方，そして出版にあたって大変お世話になった橋本純子氏，木村直子氏をはじめとする東京化学同人編集部の皆様に厚く御礼申し上げる．

　2020 年 2 月

奥　山　　格

目　　次

序 章

有機化合物の酸性と塩基性

　有機分子は共有結合で組立てられており，結合の組換えによって反応が起きる．有機反応は，その結合組換えの形式によって大きく3種類に分類できる．結合電子対が2電子一緒に動くような反応を極性反応という．有機化学で学ぶ反応の大部分は有機極性反応であり，本書はそのような有機極性反応を取扱う．ほかに1電子ずつが移動することによって起こるラジカル反応と，協奏的に3電子以上が環状に移動して起こるペリ環状反応があるが，これらはより専門的な課程で学ぶことになる．

　有機極性反応のおもな反応種は求電子種と求核種であり，この両者の反応とその逆反応として反応が進む．有機化合物は炭素化合物であり，反応には炭素との結合が関係しているので，求電子種と求核種は炭素がかかわるルイス酸とルイス塩基であるといえる．すなわち，すべての有機化合物が酸と塩基の性質をもっており，酸あるいは塩基として極性反応を起こし，逆反応では結合開裂によって酸と塩基を生成する．

　有機化合物の酸性と塩基性の性質をまとめると，次ページの表のようになる．極性反応の中間体となる炭素カチオン（カルボカチオン）と炭素アニオン（カルボアニオン）も表に含め，代表的な反応もあげてある．表の中の酸性中心と塩基性中心は求電子中心と求核中心と読み直してもよい．かっこ内にはその反応について述べた箇所を示している．

　アルカンの反応性は非常に低いが，強塩基を用いれば炭素アニオン（カルボアニオン）を生成することができる．このことはアルカンの pK_a が非常に大きいことからわかるが，置換基の影響でこのような脱プロトンもかなり容易に起こるようになる．π結合はπ電子を出す塩基として働くことができ，アルケンや芳香族化合物は塩基として反応する（4章，9章）．芳香環の求電子置換反応では付加と脱離過程にπ結合とC−H結合がかかわっている．

　表からもわかるように，多くの有機化合物が両性的であり，求電子種（酸）としても求核種（塩基）としても反応できる．たとえば，カルボニル化合物（アルデヒ

表　有機化合物と中間体の酸・塩基としての性質と反応

有機化合物と反応中間体	酸性中心		塩基性中心	
	部 位	反 応	部 位	反 応
アルカン	C–H	脱プロトン(§2・4)		
アルケン	C–H	脱プロトン(§2・4)	C=C	求電子付加(4章)
芳香環	C–H	求電子置換における脱プロトン(9章)	C=C	求電子置換における付加過程(9章)
アルコール	O–H	酸解離(§2・2)	>O:	酸触媒脱水(§6・3)
エーテル			>O:	酸触媒開裂(§6・3)
カルボニル化合物	C=O	求核付加(5章)	=O:	酸触媒反応(5章)
カルボン酸と誘導体	O–H C=O	酸解離(§2・2) 求核置換における付加過程(8章)	=O:	酸触媒反応(8章)
アミン	N–H	脱プロトン(§2・2)	>N:	塩基,求核種としての反応(§2・2, §5・3, §6・1, §8・2・2)
ハロアルカン	C–X	求核置換(6章)	—X:	ルイス酸による開裂(§9・2・4)
カルボカチオン	>C+	S_N1置換, E1脱離(§6・2, §7・1)		
カルボアニオン			>C̄:	E1cB脱離(§7・2・2)

ド) の反応例として水和反応をみると，強力な求核種である HO^- はカルボニル基の求電子 (酸性) 中心 C を直接攻撃して反応を起こす (§5・1・1). この反応は塩基性条件で進行する.

塩基触媒水和反応

$$\underset{\substack{\text{求電子種}\\(\text{ルイス酸})}}{\overset{O}{\underset{R}{\overset{\|}{C}}}H} + \underset{\substack{\text{求核種}\\(\text{塩基})}}{HO^-} \rightleftharpoons \underset{\substack{\text{付加物}}}{\overset{HO\ \ O^-}{\underset{R}{\overset{|}{\underset{|}{C}}}H}} \underset{+H_2O}{\rightleftharpoons} \underset{\substack{\text{水和物}}}{\overset{HO\ \ OH}{\underset{R}{\overset{|}{\underset{|}{C}}}H}} + HO^-$$

一方，酸性条件ではカルボニル基の塩基性中心となる O にプロトン化が起こり，弱い求核種である H_2O の反応が進む (§5・1・2). カルボニル基のプロトン化 (ブ

レンステッド酸塩基反応）で生じた共役酸が，強い求電子種として弱い求核種との反応を可能にしている．

酸触媒水和反応

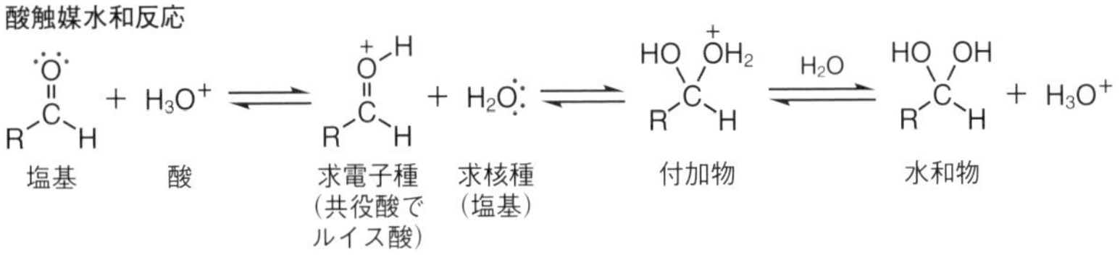

このように，同じ反応であっても反応条件によって異なる反応機構で進み得ることを考えれば，反応機構を学ぶことの意味がわかるだろう．多段階反応においても，有機極性反応の各段階は酸塩基反応として読み解くことができる．

酸塩基反応は，ほとんどの生体反応の推進力になっていることも忘れてはいけない．生体反応の反応場は水溶液であり，生体物質の多くは，アルコール，アミン，カルボン酸やアルデヒドなどの極性基を含み，水溶性である．生体反応の触媒である酵素は，酸と塩基官能基によって触媒作用を発現している．この問題は 11 章で説明している．

1

有機反応機構を学ぶために

　有機反応機構を学ぶためには，有機分子がどのように組立てられているのか，反応が起こるために分子間でどのような相互作用があるのか，理解しておく必要がある．溶液反応では溶媒の役割も見逃せない．有機分子を組立てているのは化学結合であり，反応機構を考えるためには三次元の化学（立体化学）も問題になる．ここでこれらの問題を簡単に説明しておく．

1・1　有機分子の表し方

　有機分子は原子を結合でつないで組立てられているので，結合を線で表せば，原子を示す元素記号を線でつないで表すことができる．しかし，それをすべて表すと，その構造は書くにも煩雑で手間がかかり，スペースをとる．分子構造の簡略表現を使えば，書くのも簡単で，分子の重要な部分を見やすくすることもできる．一方，原子には電子があり，結合は電子を使ってつくられるので，反応における結合の組換えは電子の組換えになる．したがって，結合の組換えにかかわる電子を点で示せば，反応も表しやすい．この有用な構造式はルイス構造式とよばれる．

1・1・1　分子構造の簡略表現

　有機分子の簡略表現を炭素数5の簡単な有機化合物の構造で説明しよう．飽和炭化水素（アルカン）C_5H_{12}には，3種類の構造が可能である*．その構造は，表1・1に示すように，いろいろな表し方ができる．分子構造の簡略表現には簡略化式と線形表記があり，表1・1には代表的な表し方を示している．線形表記では，炭素鎖を横に伸ばしたジグザグの線で表している．線の角と末端に炭素があり，それぞれの炭素（角と末端）には原子価を満たすだけの水素原子が結合しているものとする．酸素官能基（OHとC=O）を有する化合物，アルコールとカルボニル化合物も示し

　＊　表1・1にあげた最初の二つのほかにジメチルプロパンがある．分子式が同じで構造が異なる化合物を異性体という．

表 1・1　有機分子の簡略表現の例

化合物名 （分子式）	分子構造式	簡略化式	線形表記
ペンタン C_5H_{12}		$CH_3CH_2CH_2CH_2CH_3$ $CH_3(CH_2)_3CH_3$	
2-メチルブタン C_5H_{12}		CH_3 $CH_3CH_2CHCH_3$ $CH_3CH_2CH(CH_3)_2$	
1-ペンタノール $C_5H_{12}O$		$CH_3CH_2CH_2CH_2CH_2OH$ $CH_3(CH_2)_4OH$	
2-ペンタノール $C_5H_{12}O$		OH $CH_3CH_2CH_2CHCH_3$ $CH_3CH_2CH_2CH(OH)CH_3$ $CH_3(CH_2)_2CH(OH)CH_3$	
ペンタナール $C_5H_{10}O$		O $CH_3CH_2CH_2CH_2CH$ $CH_3(CH_2)_3CHO$	
2-ペンタノン $C_5H_{10}O$		O $CH_3CH_2CH_2CCH_3$ $CH_3CH_2CH_2C(O)CH_3$	

ているが，線形表記では反応中心となる官能基が目立つので，有機化合物の性質や反応を考えるときに便利である．

問題 1・1　線形表記で示した次の分子を簡略化式で表せ．

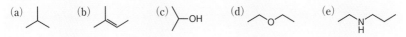

(a)　　　　　(b)　　　　　(c) OH　　　　(d)　　　　　(e)

1・1・2　ル イ ス 構 造 式

　原子の化学的性質は，おもに最外殻電子（価電子）の振舞いによって現れることから，Gilbert N. Lewis（ルイス：1875〜1946, 米）は価電子を点で表した分子構造式（ルイス構造式とよばれる）を考案した．また，原子価殻が 8 電子で満たされると安定になるという考え（オクテット則）* に基づいて，2 電子（電子対）を共有する

＊　水素原子は例外で原子価殻は 2 電子で満たされる．

ことによって原子が結合するという**共有結合**（covalent bond）の概念を提案した（1916年）．したがって，分子内の電子対には**結合電子対**（bonding electron pair，共有電子対 shared electron pair ともいう）と**非共有電子対**（unshared electron pair，孤立電子対 lone pair ともいう）がある．非共有電子対はおもに酸素や窒素，ハロゲンのようなヘテロ原子にある．結合電子対を結合線で表せば，ルイス構造式は次の例のように書ける．イオンもルイス構造式で表すことができる．

ルイス構造式の例

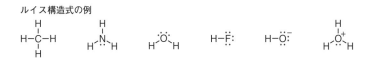

問題 1・2　次の分子のルイス構造式を書け．
(a) CH$_3$OH　　　(b) HCHO　　　(c) H$_2$C=CHNH$_2$　　　(d) HCO$_2$H　　　(e) H$_2$C=NOH

1・2　共 有 結 合

　電子は軌道に入っているので，電子の共有で表される共有結合は，軌道相互作用を考えれば，エネルギー関係もみることができる．

1・2・1　共有結合の軌道表現

　原子のまわりの電子は**原子軌道**（atomic orbital：AO）に入っている．2原子のAOが相互作用して新しい軌道，すなわち**分子軌道**（molecular orbital：MO）をつくる．二つの軌道からは二つの軌道ができる（図1・1参照）．AOに入っていた電子は低エネルギーの結合性MOに入り，安定化して結合をつくる．

　最も単純な分子 H$_2$（水素）について考えると，Hの1s AOどうしが相互作用して均等なMOをつくり，H−H分子をつくることがわかる．ここでは，もう少し一般化して，異なる原子間でエネルギーの異なるAOが相互作用してMOをつくる場合について考えよう．二つのAOが結合的に（同位相で）相互作用してできる結合性MOは，エネルギーの低いほうのAOを主成分とし，それよりもさらに低エネルギーになる．AOの電子が2個，結合性MOに入って安定化した分が結合エネルギーになる．もう一つの反結合性MOは，二つのAOが引き算する形（逆位相）で相互作用してできている．図1・1はH−Li結合の軌道を説明している．Hの1s AOとLiの2s AOの相互作用によってできる結合性MOの主成分はHの1s AOで

あり，この MO に電子が入って結合をつくると，軌道の形からわかるように電子は Li よりも H のほうに偏っている．この電子の偏りは $\overset{\delta-}{H}-\overset{\delta+}{Li}$ のように表すことができる．

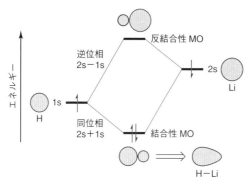

図 1・1　1s AO と 2s AO の相互作用による H−Li 結合の MO の形成

1・2・2　結 合 の 極 性

前項でみた H−Li 結合のように二つの異なる原子が結合すると，結合電子は AO エネルギーの低い原子のほうに偏っている．このように結合電子に偏りがある結合は **極性結合**（polar bond）とよばれ，結合は極性をもつ，あるいは分極しているという．表 1・2 に有機化合物によくみられる原子の AO エネルギーをまとめる．結合に関与する AO を比べると，N，O，ハロゲンなどのヘテロ原子は C よりもエネルギーが低く，結合をつくるとヘテロ原子のほうに電子が偏る傾向がある．

このように結合をつくったときに原子が結合電子を引付ける傾向は，AO のエネルギーと関係しているが，よりわかりやすく **電気陰性度**（electronegativity）とよばれるパラメーターとしてまとめられている[*]．周期表における概略を図 1・2 に示

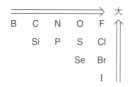

図 1・2　周期表における電気陰性度の傾向

---

[*]　電気陰性度は 1930 年代に Linus C. Pauling（ポーリング：1901〜1994，米）によって初めて提案された．

表 1・2　おもな原子軌道のエネルギーと電気陰性度

軌道	軌道エネル ギー/eV[†1]	電気陰性度[†2]	軌道	軌道エネル ギー/eV[†1]	電気陰性度[†2]
H(1s)	−13.6	2.20	N(2s)	−27.5	
Li(2s)	−5.4	0.98	N(2p)	−14.5	3.04
Be(2s)	−9.4		O(2s)	−35.3	
Be(2p)	−6.0	1.57	O(2p)	−17.8	3.44
B(2s)	−14.7		F(2p)	−21.0	3.98
B(2p)	−5.7	2.04	Si(3s)	−17.9	1.90
C(2s)	−21.4		Si(3p)	−9.0	
C(2p)	−11.4		P(3p)	−11.9	2.19
C(sp)[†3]	−16.4		S(3p)	−12.5	2.58
C(sp^2)[†3]	−14.7		Cl(3p)	−15.1	3.16
C(sp^3)[†3]	−13.9	2.55	Br(4p)	−13.7	2.96

†1　1 eV = 96.5 kJ mol^{-1}.
†2　電気陰性度は AO に対応しているとは限らない.
†3　混成炭素. 結合した炭素にだけみられる（§1・3・1参照）.

し，表 1・2 にもその数値を加えた.

　周期表の右上にある F の電気陰性度が一番大きく，同族では下にいくほど小さくなる. 原子核の正電荷が大きいほど電子を強く引付けるが，高周期になると価電子が原子核から遠くなり電子を引付ける力が弱くなる. 結合電子は電気陰性度の大きい原子のほうに引付けられる. 代表的な結合の極性は部分電荷で次のように表せる.

$$\overset{\delta+}{C}-\overset{\delta-}{Y} \qquad \overset{\delta+}{C}=\overset{\delta-}{O} \qquad \overset{\delta+}{B}-\overset{\delta-}{C}$$

Y = N, O, ハロゲン

問題 1・3　次の結合の極性を示せ.
(a) C−N　　(b) C−Cl　　(c) C−Li　　(d) O−H　　(e) H−F

1・3　炭素の結合と有機分子の形

　分子の形は原子の結合角で決まる. 有機分子を構成する炭素原子の原子価殻は $2s^2 2p^2$ の電子配置をもつ. 2s AO は球状であり，三つの 2p AO は互いに 90° の角度をなしている. しかし，安定な有機分子の構造には 90° の結合角はほとんどみられない. 有機分子を形づくっている炭素は，大まかにみて四面体形，平面三方形，

直線形の3種類である．これらの炭素の結合角を説明するために混成軌道が考案された．

1・3・1 軌道の混成

分子のなかで結合をつくっている AO は，孤立した原子の s 軌道や p 軌道とは違う形になっている．このような分子中の新しい AO は s 軌道と p 軌道が混じりあってできているという**混成軌道**（hybrid orbital）の表現法が Linus Pauling によって提案された（1931年）．

四面体形炭素でできた分子の典型的な例はメタン CH_4 である．メタンの C−H 結合を四つつくるためには，C に四つの等価な AO が必要である．C の 2s AO 一つと 2p AO 三つが再構成されて* 新しい AO ができると考えればよい．こうしてできた四つの等価な AO を **sp^3 混成軌道**という．

メタンに限らず有機分子の飽和炭素は正四面体に近い構造をとっており，その結合は sp^3 混成軌道を使ってできていると考えられる．四面体構造は図1・3のように表される．この四面体構造において二つの異なる結合を選んで平面を二つつくると，両平面は互いに直交している．このことは立体化学を考える上で重要になる．

図1・3 飽和炭素（sp^3 炭素）の構造と表し方

エテンを形成している3配位の炭素の結合は，平面内でほぼ120°の角度をなして三方に広がっている（平面三方形）．このような結合にかかわる C の AO は，2s AO 一つと 2p AO 二つが混成してできた **sp^2 混成軌道**である（図1・4）．混成軌道

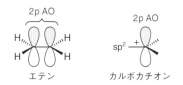

図1・4 エテンとカルボカチオンにおける sp^2 混成炭素と 2p 軌道

---

* 同じ原子の AO 二つ以上が再構成される現象は，混成とよばれる．2原子間の AO の相互作用（重なり）によって結合をつくる現象との違いに注意しよう．

は結合に使われ，もう一つの2p AO が混成軌道平面に垂直な形で残っている．この2p AO どうしが側面から相互作用して（重なりあって）隣接炭素と二重結合のもう一つの結合（π結合）をつくっている．カルボカチオンの中心炭素も sp² 混成であり，混成軌道が結合に使われ空の 2p AO が残っている．

エチン（アセチレン）の2配位の炭素の結合は直線状になっており，このような結合にかかわる C の AO は，2s AO 一つと 2p AO 一つが混成してできた **sp 混成軌道**である（図1・5）．この結合に直交した二つの 2p AO がそれぞれの C に残っており，二つの π 結合を形成している．

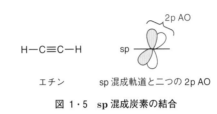

エチン   sp 混成軌道と二つの 2p AO

図 1・5 sp 混成炭素の結合

例題 1・1 カルボアニオンの中心炭素が sp³ 混成として説明できることを説明せよ．

解答 カルボアニオンの中心炭素は3組の結合電子対と非共有電子対をもっているので，それらの4領域はできるだけ遠ざかっているほうが電子対間の反発が小さく安定である．したがって，非共有電子対の向きも含めて四面体形になっている．この構造は sp³ 混成炭素に相当する．

図1・4で説明したカルボカチオンの場合には，非共有電子対をもっていないので3組の結合電子対だけが電子密度の高い領域として平面に広がった形が有利になる．

問題 1・4 次の構造式において矢印で指定した原子の混成状態を書け．

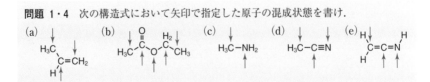

1・3・2　σ結合とπ結合

二重結合を2本の線で表すと二つの結合の違いはわからないが，AOの重なりとして表すと，2種類の結合からなることがわかる．単結合は，結合軸に沿って二つのAOの重なりで形成される．その結果，結合軸を対称軸とする結合になる．このような結合を**σ結合**といい，それを担うMOは**σ軌道**とよばれる．飽和化合物の単純なσ結合まわりの回転は自由に起こり得る．

エテンの二重結合では，二つの炭素のsp^2混成軌道が重なりあってσ結合をつくり，その分子面に垂直な2p AOが側面から重なりあってもう一つの結合をつくる．この結合の結合電子は分子面を対称面とするように分布している．このような結合を**π結合**といい，それにかかわるMOを**π軌道**という．π結合は，軌道の重なりが小さいので結合は弱いが，そのまわりを回転すると重なりがなくなる（結合が切れる）ので回転はむずかしい．

エチンでは，sp混成軌道がσ結合を形成し，この結合に直交した二つの2p AOがそれぞれπ結合を形成する．

1・4　共役と共鳴

三つ以上のp軌道が互いに相互作用できるような系を**共役系**という．代表的な共役系は，二重結合が単結合でつながった1,3-ブタジエンと3原子系のアリルカチオンであろう（図1・6）．

(a) 1,3-ブタジエン　　　　　　　　　(b) アリルカチオン

図1・6　単純な共役系：ブタジエンとアリルカチオンの分子構造と **2p AO**

共役系に電子が入ると電子は相互作用できるp軌道すべてに分布する（電子の非局在化という）．このような現象を**共役**（conjugation）といい，電子の**非局在化**（delocalization）は**共鳴**（resonance）で表すことができる．

1・4・1　共　　役

§1・3・2で二つの2p AOが側面から重なりあってπ結合をつくることを述べた

が，隣接炭素に 2p AO があればさらに側面から重なりあうことができる（図 1・6）．二重結合が単結合をはさんで隣り合わせにあるような構造である 1,3-ブタジエンでは，二つの二重結合の π 軌道が相互作用できる．したがって，π 電子は一つの二重結合にとどまらず隣接二重結合まで分布できる．すなわち，π 電子は非局在化できる．アリルカチオンの二重結合の 2 個の π 電子は隣接の空の状態で表した 2p AO まで分布できるので，カチオンの正電荷は一つの末端炭素にとどまっていない．

1・4・2　非局在化の共鳴による表し方

　共役系における π 電子の非局在化を表す方法として共鳴法が提案されている．非局在化した分子の構造をルイス構造式で表そうとすると二つ以上の構造式が書ける．たとえば，アリルカチオンやアリルアニオンは次のようにそれぞれ二つの構造式で表される．しかし，これらの個々のルイス構造式は実際の構造を表していない．実際の構造はこれらのルイス構造式の中間的な，電子が非局在化した構造であり，点線を使って表せば囲みのなかに示したようになる．

アリルカチオン　　　　　　　　　　　アリルアニオン

ルイス構造式は仮想的なものであり，**共鳴寄与式**とよばれる．実際の構造は，共鳴寄与式を双頭の矢印で結んで表され，**共鳴混成体**（resonance hybrid）とよばれる．
　上の例では，二つの共鳴寄与式が等価であるが，酸素原子が含まれるエノラートイオンの共鳴寄与式は等価ではない．電子の非局在化の結果，電子密度は電気陰性度の大きい O のほうに偏っている．形式負電荷が O にある左の共鳴寄与式のほうが重要であると考えればよい．1,3-ブタジエンにもう一つの構造を書くとすると電荷分離したような共鳴寄与式が書ける．しかし，この構造は結合が一つ少ないのであまりよい構造とは思えない．ブタジエンの π 電子は非局在化しているとしても，それはわずかであり，二重結合を二つもつ左の構造式が実際の構造に近いと考えてよい．

エノラートイオン　　　　　　　　　1,3-ブタジエン

　最後にベンゼンの構造を考えよう．ベンゼンは正六角形で書かれ，シクロヘキサ

トリエンのように二重結合が交互にあるような二つの共鳴寄与式の共鳴混成体として表すことができる．共鳴混成体は電子が非局在化した右のような構造式で表すこともできる．このように6電子が環状に非局在化すると特に安定になることが知られており，分子軌道法でも説明できる（§9・1参照）．このような環状化合物の特別な安定性を**芳香族性**（aromaticity）という．

ベンゼンの共鳴　　　　　　　ベンゼンの表し方

> **問題 1・5**　次の分子またはイオンのルイス構造式を書いて，共鳴で表せ．非共有電子対もすべて示すこと．
>
> (a) 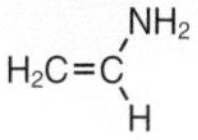 $H_2C=C\overset{NH_2}{\underset{H}{}}$　(b) $H_2C=C\overset{CH_2{}^+}{\underset{H}{}}$　(c) $H_3C-\overset{O}{C}-CH_2{}^-$　(d) 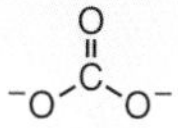 $^-O-\overset{O}{C}-O^-$　(e) 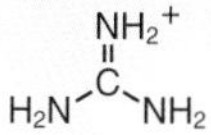 $H_2N-\overset{NH_2{}^+}{C}-NH_2$

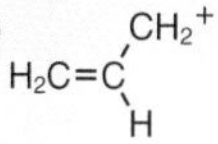

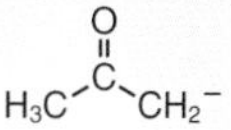

1・5　立体化学

　立体化学では有機分子の三次元構造に関する問題を扱う．結合回転によって変化し得る立体構造を**立体配座**（conformation）といい，§1・5・3で述べる．一方，結合を切断しないと変化しない立体構造を**立体配置**（configuration）という．

1・5・1　立 体 配 置

a. シス・トランス異性　　有機分子は，もっと大きな物体と同じように，一般的に三次元の構造をもっているが，二重結合のように平面構造をつくるものもある．アルケンの二重結合の両側に置換基があると，**シス・トランス異性**が生じる．単純な構造のアルケン異性体はトランス（*trans*）とシス（*cis*）で区別できるが，一般的には **E, Z** で区別する．二重結合の両側の同じ炭素に結合している二つの置換基（または H）を比べ，その優先順位をカーン-インゴールド-プレローグ（Cahn-Ingold-Prelog）順位則* によって決める．優先順位の高い（原子番号の大きい）ものどうしが反対側にあるものを **E** 体とし，同じ側にあるものを **Z** 体とする．たとえば，3-メトキシ-2-ペンテンの異性体は次図のように命名できる．

---

　*　順位則の詳細については適当な有機化学教科書を参照するとよい．

（E)-3-メトキシ-2-ペンテン   （Z)-3-メトキシ-2-ペンテン

b. キラリティー　　三次元の物体には対称面をもつものともたないものがあり，鏡像と重なりあうものとそうでないものがある．実物と鏡像とが重なりあわないようなものは**キラル**（chiral）である，あるいは**キラリティー**（chirality）をもつという．キラルでないものは**アキラル**（achiral）であるという．有機分子にもキラルなものがあり，sp^3 混成の四面体形炭素に結合している四つのグループがすべて異なるとキラルな分子ができる．このような炭素は**キラル中心**（chirality center）とよばれ，キラルな分子の要素になる．たとえば，2-ブタノールの C2 には H，CH_3，CH_3CH_2，HO の四つの異なる基が結合しているので，C2 はキラル中心であり，2-ブタノールはキラルである．すなわち，図 1・7 の構造式で表される二つの分子は鏡像関係にあり，重ね合わせることができない．

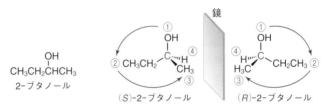

図 1・7　2-ブタノールの R, S エナンチオマーの帰属.
C2 に結合した基の優先順位を ① から ④ で示す.

　この二つは立体異性体であり，**エナンチオマー**（enantiomer，鏡像異性体ともいう)* とよばれる．キラル中心（C2）は，結合している四つの基の並び方によって R または S 配置に帰属される．優先順位の一番低い H ④ を後ろにおいて，優先順に HO ①，CH_3CH_2 ②，CH_3 ③ とたどったとき時計まわりになるものを **R** といい，反時計まわりになるものを **S** という．それぞれのエナンチオマーは R と S の立体配置異性体である．

＊　エナンチオマーの性質は，アキラルな環境では同一で区別できないが，光の振動面を回転させるという性質（光学活性）があるので，偏光とよばれる特別な光を用いれば区別できる．

例題 1・2　次の分子のキラル中心の R, S 配置を帰属せよ.

$$\underset{H}{\overset{\displaystyle H_2C}{\diagdown}}C=C\underset{\underset{\displaystyle CH_2CH_3}{}}{\overset{\overset{\displaystyle CO_2H}{|}}{\underset{\diagup}{C}}}\text{''''}CH_2OH$$

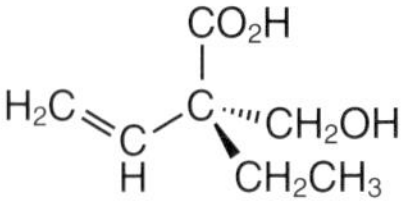

解答　四つの置換基はいずれも C で結合しているので, その次の原子を調べて優先順位を決める. 二重結合は二重に結合しているものとする. したがって, 二重結合はかっこ内に示したようにみることができる.

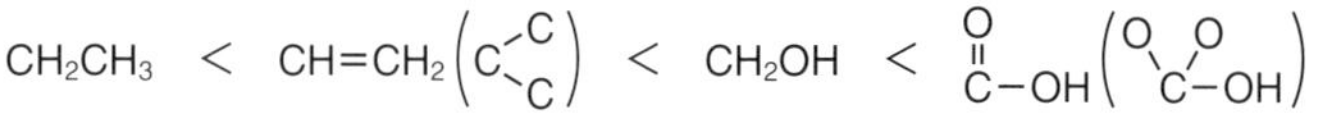

$$CH_2CH_3 \;<\; CH=CH_2\left(C\overset{\diagup C}{\underset{\diagdown C}{}}\right) \;<\; CH_2OH \;<\; \overset{\displaystyle O}{\underset{\displaystyle C-OH}{\|}}\left(\overset{\displaystyle O\quad O}{\underset{\displaystyle C-OH}{\diagdown\diagup}}\right)$$

このようにみると, 置換基の優先順位は $CH_2CH_3 < CH=CH_2 < CH_2OH < CO_2H$ になることがわかる. 優先順位の最も低い CH_2CH_3 が手前にあるが, そのまま残りの置換基をみると優先順の高いものから時計まわりになる. (これは CH_2CH_3 を後ろにおいて反時計まわりになるのと同等である). したがって, キラル中心は S 配置である.

問題 1・6　次の分子のキラル中心の R, S 配置を帰属せよ.

(a)
$$\underset{\displaystyle CH_3}{\overset{\displaystyle CH_2CH_3}{\underset{|}{H''\,C\,\text{'''}OH}}}$$
(b)
$$CH_3CH_2\,\overset{\overset{\displaystyle OH}{|}}{\underset{|}{C}}\text{''''}CH_3$$
(c)
$$\underset{\displaystyle CH_3}{\overset{\displaystyle CO_2H}{\underset{|}{H''\,C\,\text{'''}NH_2}}}$$
(d)
(e)

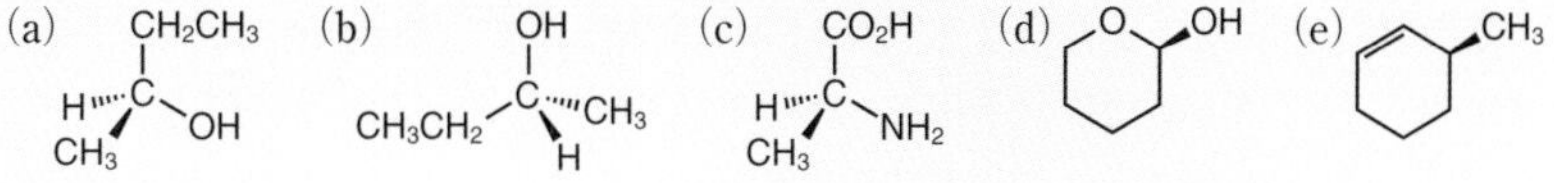

c. 複数のキラル中心をもつ分子　エナンチオマー以外の立体異性体はジアステレオマー (diastereomer) とよばれる (シス・トランス異性体もジアステレオマーである). キラル中心が複数 (n 個) ある化合物には, 最大 2^n 個の異性体があり, ジアステレオマーの関係になるものが出てくる.

2個のキラル中心をもつ 2,3,4-トリヒドロキシブタナール (糖のひとつ) の立体異性体を考えてみよう. C2 と C3 がキラル中心である. くさび結合を用いて表すと 4 種類の異性体があることがわかる (図 1・8).

4 種類の違いを見やすくするために, 炭素鎖を縦に並べて横に出る結合が手前に向くように書いたのでキラル中心の立体配置を決めにくいかもしれない. ここでは, 優先順位の最も低い H を手前において, 残りの基が優先順に時計まわりになれば S 配置ということになる. そして, $(2R,3R)$ 体と $(2S,3S)$ 体あるいは $(2R,3S)$ 体と

(2*S*,3*R*)体がそれぞれ同じ化合物（糖の名称でエリトロースとトレオース）のエナンチオマーになっていることに注意しよう．エリトロースとトレオースは別の化合物で互いに立体異性体（ジアステレオマー）である．

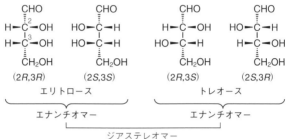

OH OH
HOCH₂–CH–CH–CHO

$$\text{HOCH}_2\text{–}\overset{3}{\text{CH}}\text{–}\overset{2}{\text{CH}}\text{–CHO}$$

2,3,4-トリヒドロキシブタナール

図 1・8　2 個のキラル中心をもつ化合物の立体異性体

1・5・2　エナンチオマーを生成する反応

　有機反応でアキラルな分子からキラルな分子を生成することがある．たとえば，アルデヒドの付加反応では平面状の sp^2 炭素が四面体形になりキラル中心になることがよくある．通常の反応条件では，*R*,*S* エナンチオマーが等量生成してくる．エナンチオマーの等量混合物は**ラセミ体**（racemate）とよばれる．

　これは二重結合平面の上下を区別することができないので，求核種の攻撃が両面から同じ確率で起こるからである．二つの面を区別できるような触媒を用いれば，

一方のエナンチオマーをつくることも可能である.

1・5・3 立 体 配 座

a. アルカンの立体配座　図1・8では四面体形炭素が直線状に並んだ形で分子構造を書いたが,これは安定な構造ではない.単結合は回転できるので,より安定な構造(**立体配座**)をとることができる.ここで(2*R*,3*R*)体の立体配座について考えてみよう.図1・8の(2*R*,3*R*)体を上方からみて,それぞれの炭素を四面体形になるように表すと図1・9の上段の最初の構造式が書ける.

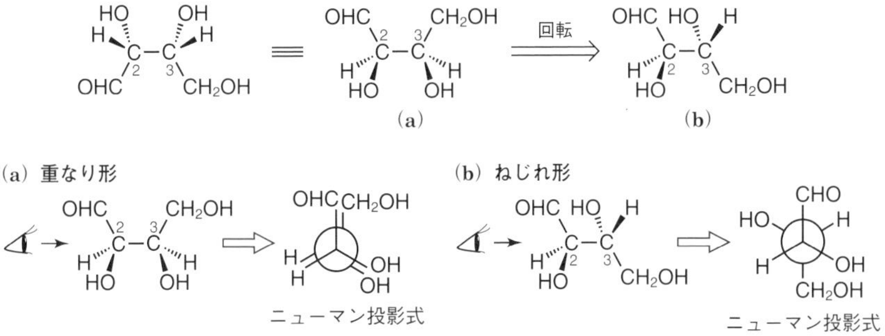

図 1・9　(2*R*,3*R*)-2,3,4-トリヒドロキシブタナールの立体配座

　同じものを下からみて立体配置が変わらないように気をつけて書くと(a)の構造が得られる.この構造のC2-C3結合まわりに180°回転すると(b)の構造が得られる.これらの構造をC2-C3結合に沿って眺めると,(a)の場合にはC1とC4および二つのOHが重なってみえる.その様子はニューマン投影式*とよばれる書き方で示すとC2とC3の置換基の重なった状態がよくわかる.一方,(b)の構造も同じように透視してニューマン投影式で表すとC2-C3結合まわりに180°回転した結果がよくわかる.(a)のような立体配座は**重なり形**(eclipsed form)とよばれるが,C2とC3から出た三つの結合が重なりあうので結合電子対の反発のため不安定になっている.結合電子間の反発による不安定化を**立体ひずみ**(steric strain)という.(b)はこれらの結合電子対ができるだけ離れた形であり,**ねじれ形**(staggered form)とよばれ,より安定である.

---

*　ニューマン投影式は,M. S. Newman(1908~1993,米)によって提案されたもので,C-C結合に沿って透視し,手前の炭素を点で表し三つの結合を120°をなす線で表す.後方の炭素は円で表し,円の縁から120°の角度で結合が出ている.

b.　いす形シクロヘキサン　　　シクロアルカンのC−C結合まわりの回転は束縛されているので, 小員環の構造の自由度は小さい. しかし, シクロヘキサンは特徴的な立体配座をとっている. sp³混成炭素の結合角は約109.5°であり, この理想角度で形成される安定な構造は**いす形**(chair form)に折れ曲がり, 環構造をつくる六つすべてのC−C結合に関してねじれ形になっている(図1・10).

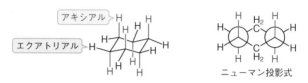

図 1・10　いす形シクロヘキサン

　しかし, 室温では素早い環反転によって, この2種類の水素は常に入れ替わっている. 水素の一つを置換基に置き換えると2種類のいす形が生じ, 平衡はエクアトリアル置換体に大きく偏る(図1・11にメチルシクロヘキサンの例を示す). これはアキシアル置換基とアキシアル水素の間に立体的な反発が生じるためである. この相互作用は**1,3-ジアキシアル相互作用**とよばれる.

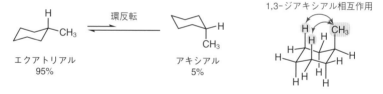

図 1・11　メチルシクロヘキサンの環反転と1,3-ジアキシアル相互作用

1・6　分子間相互作用と物理的性質

　有機化合物の物理的性質は実験によって測定され, その化合物を同定するためにも用いられる. "分子を同定するために用いられる"ということもあるが, 観測できる物理的性質は個別の分子の性質ではなく, 分子の集合体(化合物)としての性質である. すなわち, 物理的性質は**分子間相互作用**(intermolecular interaction)の結果として発現されるものである.

1・6・1　非結合性相互作用

　分子を形成している共有結合と違って, 分子間相互作用は**非結合性相互作用**

（nonbonded interaction または noncovalent interaction）とよばれ，物質の物理的性質の原因になっている．あらゆる分子は弱いながらも互いに引力相互作用をもっている．この引力相互作用は**ファンデルワールス力**（van der Waals force）とよばれる．これは電荷をもたない中性分子であっても，分子内の電子には偏りがあり，静電引力をもつからである．極性分子は双極子をもっており，その正電荷末端と負電荷末端が配向し，その間に引力が働く〔図1・12(a)〕．双極子は近くの無極性分子の電子を偏らせ双極子を誘起する．無極性分子でも分子内の電子は常に動いており，瞬間的には双極子が生じる．このような誘起双極子や瞬間双極子も含めて分子間には双極子-双極子間引力が生じる．これらは図1・12に示すようにまとめられ，3種類の名称でよばれている．そのなかで，(c)の分散力（dispersion force）* は一つずつは微少であるが，あらゆる分子間で働くのでファンデルワールス力のおもな要素になっている．典型的なファンデルワールス力は1 kJ mol^{-1}程度で弱い．

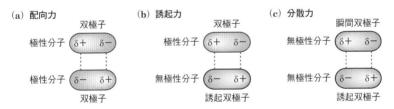

図 1・12　3種類のファンデルワールス力

一方，直接結合していない原子があまり近づきすぎると電子間の反発が生じ，不安定化の要因になる．この反発相互作用は，**ファンデルワールス反発**あるいは障害斥力とよばれ，立体ひずみや**立体障害**（steric hindrance）の原因になっている．

分子中のO-HやN-H結合は，電気陰性度の差が大きいためにHが電気的に陽性になっており，別の原子の非共有電子対と強い相互作用をもつ（図1・13）．この

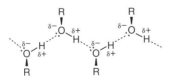

図 1・13　アルコールの水素結合．非共有電子対2組を含めて考えるとアルコールは四面体形になっているが，平面内の水素結合を破線（色）で示している．

---

*　分散力は，分子間の接触面積が大きく，分子内の電子が動きやすい（分極率が大きい）ほど大きい．

ような相互作用を**水素結合**（hydrogen bond）といい，5〜40 kJ mol^{-1} 程度の強さを
もつ．ファンデルワールス力よりは大きいが，共有結合（210〜420 kJ mol^{-1}）に比
べればずっと小さい．

　分子間の軌道相互作用による特異的な相互作用もある．高エネルギーの HOMO
をもつ分子（電子対供与体）と低エネルギーの LUMO をもつ分子（電子対受容体）
の間で，前者から後者に電子対を供与する形で相互作用をもつことができる．この
ような相互作用を**電荷移動相互作用**（charge-transfer interaction）という．また，分
子間の軌道相互作用で新しい分子軌道をつくり，その軌道に電子対が入ると分子間
に共有結合ができ化学反応になる．

1・6・2　溶 媒 効 果

a. 溶解と溶媒の影響　　ある化合物が溶媒（solvent）に溶けて溶液（solution）に
なると，溶質（solute，溶けた分子）と溶媒の分子間相互作用が生じる．その相互作
用による安定化効果が大きいほど**溶解度**（solubility，溶けやすさ）が大きい．**溶媒
効果**（solvent effect）は，純粋な溶媒の液体状態から溶液状態（溶質は固体や気体の
場合もある）になったときに生じる分子間相互作用の変化に基づいている．

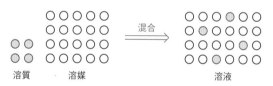

溶質　　　　溶媒　　　　　　　　　　　溶液

図 1・14　溶解の模式的表現

　たとえば，無極性の溶質が極性溶媒に溶ける場合を考えてみよう．極性溶媒は極
性分子どうしの配向力や水素結合の強い相互作用で液体を形成しているが，無極性
化合物は分散力しかもたない．無極性分子が極性溶媒に溶けるためには，無極性分
子どうしの弱い結合の代わりに，極性溶媒分子間の強い相互作用を切って新しい相
互作用をつくらなければならない．しかし，無極性分子は極性分子に対しても分散
力しかもてないので，極性溶媒分子どうしの強い相互作用に換わることはできな
い．その結果，無極性化合物は極性溶媒に溶けにくいということになる．
　溶液反応においては，反応の進行とともに反応種の極性が変化するので，それに
対応して溶媒との相互作用が変化し，溶媒効果が現れる．この問題は 6 章の反応に
ついて解説ことにする（§6・1・4 参照）．

問題 1・7 極性化合物が無極性溶媒に溶けにくいのはなぜか.

b. 溶媒の種類　　溶媒は, どのような分子間相互作用をもつかによって分類できる. 溶媒分子の極性によって, 無極性溶媒と極性溶媒に分けられ, 極性溶媒はさらに水素結合できる水素をもつかどうかによってプロトン性溶媒 (protic solvent) と非プロトン性溶媒 (aprotic solvent) に分けられる. 次に代表的な溶媒を示す (かっこ内の数値は比誘電率であり, 大きいものほど極性が高い).

(a) プロトン性溶媒 (極性〜弱い極性)

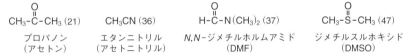

H$_2$O (80)　　CH$_3$OH (32)　　C$_2$H$_5$OH (25)　　HCO$_2$H (58)　　CH$_3$CO$_2$H (6.2)　　H-C-NHCH$_3$ (182)
水　　　　メタノール　　　エタノール　　　メタン酸　　　エタン酸　　　N-メチルホルムアミド
　　　　　　　　　　　　　　　　　　　　　 (ギ酸)　　　 (酢酸)　　　　　　 (NMF)

(b) 非プロトン性極性溶媒

　　　O
　　　‖
CH$_3$-C-CH$_3$ (21)　　　CH$_3$CN (36)　　　H-C-N(CH$_3$)$_2$ (37)　　　CH$_3$-S-CH$_3$ (47)
プロパノン　　　　エタンニトリル　　　N,N-ジメチルホルムアミド　　ジメチルスルホキシド
(アセトン)　　　 (アセトニトリル)　　　　　 (DMF)　　　　　　　 (DMSO)

(c) 非プロトン性溶媒 (無極性〜弱い極性)

CH$_3$(CH$_2$)$_4$CH$_3$ (1.9)　　C$_6$H$_6$ (2.4)　　CHCl$_3$ (4.9)　　(C$_2$H$_5$)$_2$O (4.4)　　　O (7.5)
ヘキサン　　　　　ベンゼン　　トリクロロメタン　ジエチルエーテル　テトラヒドロフラン
　　　　　　　　　　　　　　 (クロロホルム)　　 (Et$_2$O)　　　　 (THF)

　イオンは必ずカチオンとアニオンが対になって存在する. カチオンはルイス酸として, アニオンは塩基として溶媒分子と相互作用し**溶媒和** (solvation) される. すなわち, カチオンは溶媒分子の非共有電子対によって, アニオンは水素結合によって溶媒和されるので, プロトン性溶媒がイオン種のよい溶媒になる. 非プロトン性極性溶媒もカチオンをよく溶媒和できれば, アニオンも対イオンとして溶媒中に取込まれ, イオン種の溶媒になり得る.

例題 1・3　NaCl が水に溶けたとき, Na$^+$ と Cl$^-$ はどのように溶媒和されるか, 模式図で示せ.

解答　Na$^+$ は H$_2$O の O の非共有電子対で溶媒和され, Cl$^-$ は水素結合で溶媒和される. 次のように表されるが, 溶媒分子はイオンのまわりに三次元的に配置されて

いるはずである.

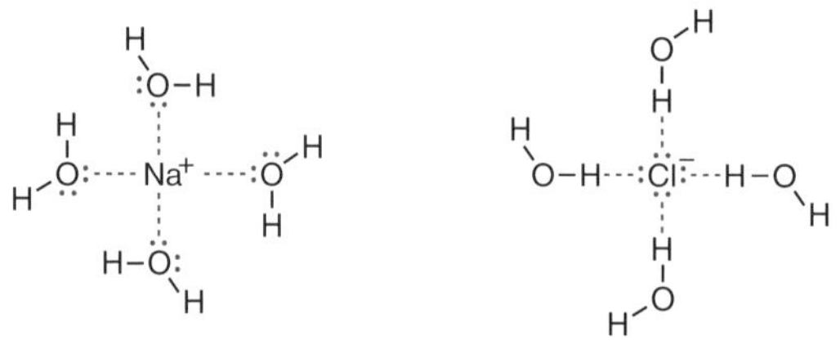

問題 1・8　非プロトン性極性溶媒の一つにプロパノンがある. Na$^+$ がプロパノンに溶媒和された様子を模式図で示せ.

1・6・3　沸　　点

　分子間の相互作用の大きさと個々の分子の熱運動エネルギーの大きさの違いによって，物質の状態は固体，液体，気体になる. 沸点（boiling point）は，液体が気体になる温度である. 液体状態では分子は互いに引力相互作用を保ちながら運動しているが，分子間引力よりも分子の熱運動エネルギーのほうが大きくなると，分子はばらばらになって分子間相互作用を失い気体になる. したがって，分子間引力が大きいほど，より大きな熱運動エネルギーを得るために温度を高くする必要が生じ，沸点は高くなる. たとえば，異性体関係にあるジエチルエーテルと 1-ブタノールの沸点は 34.5 ℃ と 117.3 ℃ であり，両者で分子間相互作用が大きく異なることを示している.

　もっと厳密には，沸点は物質の蒸気圧が外部の圧力に等しくなる温度であると定義される. この定義に則していえば，液体状態で分子間引力が大きいほど気化しにくいので，蒸気圧が小さく沸点が高いといえる. 外部の気圧が低ければ，蒸気圧がその低圧力に一致すると沸騰するので，低沸点になる.

問題 1・9　エタノールは沸点 78 ℃ の液体であるが，構造異性体のジメチルエーテルは気体（沸点 −25 ℃）である. この違いを説明せよ.

1・6・4　融　　点

　融点（melting point）は，物質が固体から液体に変化する温度であり，固相と液相

が平衡状態にある温度と定義される．一般的に固相状態を保つための分子間引力は液相状態を保つための引力より大きいので，温度を上げていくと固体の強い引力は保てないが液体を保つ引力は残っているような温度に達する．この温度が融点であり，分子量の大きい化合物のほうが高い傾向がある．しかし，固体のなかには分子や原子が結晶格子のなかに規則正しく配列して結晶になっているものもある．このような結晶性固体の融点は，分子量に関係なく，規則正しい配列を維持している分子間力の大きさに依存する．イオン結合（クーロン力）は強いのでイオン性結晶の融点は高い．

　固体が融点よりも低温で直接気体になることがある．この現象は昇華（sublimation）とよばれる．代表的な例は，固体の CO_2（ドライアイス）が $-78\,^{\circ}\mathrm{C}$ で気化する現象である．

2

酸 塩 基 反 応

　酸・塩基には 2 種類の定義がある．いずれも，1923 年に提案されたもので，Johannes N. Brønsted（ブレンステッド：1879～1947，デンマーク）はプロトンの移動を基準にしてブレンステッド酸・塩基[*]を定義し，Gilbert N. Lewis は電子対の授受を基準にしてルイス酸・塩基を定義した．

　ブレンステッド酸はプロトン（H^+）を出すものであり，塩基は電子対を出して H^+ と結合する．塩基の電子対を受け入れて結合するものを一般的にルイス酸という．ブレンステッド酸はプロトン酸（protic acid）ともいわれる．ルイス酸の中心原子は価電子を 6 個しかもたず，塩基と結合してオクテットになる．**塩基は電子対を出すものとして，二つの定義に共通である．**

2・1　ルイス酸・塩基と求電子種・求核種

　ルイス酸塩基反応の代表的な例として，ホウ酸と塩基の反応（2・1）をあげる．水酸化物イオンが電子対を出して，ホウ酸の B と結合する．このような電子対の動きは巻矢印（曲がった矢印）で表すことができる．ホウ酸は水溶液中でもルイス酸として反応しており，水酸化物イオンはここではルイス塩基とみなせる．ホウ酸の B のまわりには 6 電子しかない．

OH
　│
HO—B—OH　　＋　　:ÖH　　⇌　　HO—B—OH（HO OH）　　　　（2・1）

ホウ酸　　　　　　　　ルイス塩基　　　　　　ルイス酸-塩基付加物
ルイス酸

　水酸化物イオンは，アルデヒドやケトンのカルボニル炭素を攻撃すると付加反応（2・2）を起こす．この炭素における反応は典型的な有機反応の一つである．このと

---

　[*]　ブレンステッド酸・塩基はブレンステッド-ローリーの酸・塩基とよばれることが多いが，T. M. Lowry（1874～1936，英）の寄与は小さいのでローリーの名は省いてよいという見解がある．本書ではこの見解に従う．

き HO⁻ は**求核種**（nucleophile）とよばれ，アルデヒドは**求電子種**（electrophile）とよばれる．

$$(2 \cdot 2)$$

　しかし，反応(2・2)はホウ酸の反応(2・1)と全く同じ形式の反応である．すなわち，求電子種と求核種はそれぞれルイス酸とルイス塩基にほかならないが，有機反応においては求電子種と求核種とよばれる*．有機反応は炭素中心の反応であるので，**求電子種は，通常，炭素中心のルイス酸であり，求核種は炭素を攻撃するルイス塩基である**といえる．また，ほとんどの有機化合物の原子はオクテットになっているので，求核種（塩基）から電子対を受け入れて新しい結合をつくるためには，古い結合を一つ切る必要がある．カルボニル基への付加反応(2・2)ではC=O二重結合の一つが切れている．この反応の電子対の動きは二つの巻矢印で表される．このような求電子種–求核種反応の多くは不可逆になって有機反応を進行させる．

問題 2・1　BF₃とジエチルエーテルのルイス酸塩基反応を書き，どちらがルイス酸あるいは塩基であるかを示せ．
問題 2・2　ベンズアルデヒド C₆H₅CHO と AlCl₃ のルイス酸塩基反応を書き，どちらがルイス酸あるいは塩基であるかを示せ．
問題 2・3　ベンズアルデヒドにシアン化物イオン CN⁻ が付加する反応を書き，どちらが求電子種あるいは求核種であるかを示せ．

2・2　ブレンステッド酸・塩基

2・2・1　水溶液中の酸・塩基

　水溶液中における酸・塩基は，通常，プロトン移動を基準にしたブレンステッド

---

　*　求電子種の電子不足炭素は電子を求めて電子豊富な位置で結合する分子種（分子やイオン）であり，求核種は原子（核）を求めて電子不足な位置（炭素）で結合する分子種である．求電子種や求核種の前駆体となる反応剤を区別する必要がある場合には，**求電子剤**（electrophilic reagent）または**求核剤**（nucleophilic reagent）ということもある（たとえば，HO⁻ 求核種に対して NaOH を求核剤という）．また，集合体としての求電子種/求核種も求電子剤/求核剤といってよい（集合体から反応分子が出てくる）．このような区別をしないで一般的に求電子剤または求核剤ということが多い．しかし，英語では "nucleophilic reagent から nucleophile が生成する" というような表現がみられる．

の定義に従って考えられる．典型的な反応例として HCl と NH$_3$ の反応がある〔反応(2・3)〕．

$$(2 \cdot 3)$$

プロトン H$^+$ が HCl からアンモニア塩基に移動し，アンモニウムイオンを生成している．すなわち，酸が H$^+$ を出し，塩基が電子対を出してその H$^+$ と結合する．反応式に書き込んだ巻矢印は，プロトン移動ではなく，電子対の動きを示している．

反応(2・1)，反応(2・2)，そして反応(2・3) に示したように，反応における電子対の動きは巻矢印で表すことができる．酸塩基反応では，塩基から酸に電子対が動いていることをわかりやすく表すことができる．有機反応の機構を理解するために，巻矢印を用いて電子対の動きを表すことが有用であることは，§3・3で解説する．

2・2・2 ブレンステッド酸の解離平衡

溶媒の H$_2$O を塩基とする酸塩基反応 (プロトン移動) がブレンステッド酸の**酸解離反応** (acid dissociation) であり，酸を HA で表すと一般式として反応(2・4) のような平衡で表される．

$$HA \quad + \quad H_2O \quad \rightleftharpoons \quad A^- \quad + \quad H_3O^+ \qquad (2 \cdot 4)$$

酸　　　　塩基　　　　　　　共役塩基　　H$_2$Oの共役酸
　　　　(溶媒)　　　　　　　　　　　(オキソニウムイオン)

酸 HA から H$^+$ が失われると塩基 A$^-$ になり，A$^-$ は HA の**共役塩基** (conjugate base) とよばれる．HA は A$^-$ の**共役酸** (conjugate acid) であり，HA と A$^-$ は共役関係にあるという．

問題 2・4　次の化合物の共役塩基は何か．
(a) HBr　　(b) HCO$_2$H　　(c) CH$_3$NH$_2$　　(d) CH$_3$OH
問題 2・5　次の化合物の共役酸は何か．
(a) Cl$^-$　　(b) C$_2$H$_5$O$^-$　　(c) CH$_3$OH　　(d) CH$_3$NH$_2$

酸の強さは酸解離反応の平衡定数 (**酸解離定数**) K_a で表され，その負の対数値

pK_a が酸性度定数として用いられる〔式(2・5)〕．ここで**溶媒 H_2O の活量は，熱力学の定義により 1 とみなせるので，濃度項には現れない***．

$$K_a = \frac{[H_3O^+][A^-]}{[HA]} \qquad そして \qquad pK_a = -\log K_a \qquad (2・5)$$

式(2・5) を書き換えると，

$$pK_a = -\log\left(\frac{[H_3O^+][A^-]}{[HA]}\right) = pH + \log\left(\frac{[HA]}{[A^-]}\right) \qquad (2・6)$$

となるので，弱酸や弱塩基の水溶液の pH は式(2・6) を用いて計算できる．逆に，ある一定の pH の水溶液をつくるためには，その pH に近い pK_a をもつ酸を用いて，酸と共役塩基（酸の塩）の濃度比 $[HA]/[A^-]$ が一定になるようにすればよい．このような水溶液は**緩衝液**（buffer solution）になっており，少量の酸や塩基を加えても pH はあまり変化しない．

例題 2・1 エタン酸 CH_3CO_2H（$pK_a = 4.76$）を用いて，$[CH_3CO_2H] = 0.1 \, mol \, dm^{-3}$，$[CH_3CO_2^-] = 0.2 \, mol \, dm^{-3}$ になるように水溶液をつくったとすると，pH はいくらになるか．この溶液に HCl を $0.001 \, mol \, dm^{-3}$ 分加えると，pH はどうなるか．

解答 濃度比 $[HA]/[A^-] = 1/2$ なので，式(2・6) を用いて，

$$pH = pK_a - \log(1/2) = 4.76 + \log 2 = 約 5.06$$

になるはずである．

この溶液に HCl を指定量加えると $[HA]/[A^-] = 0.101/0.199$ となり，pH は 0.0065 程度しか変化しないことが計算できる．これが緩衝液の特徴であり，純粋な水に同じ量の HCl を加えると，pH 7 から 3 まで大きく変化することになる．

代表的な有機酸は一般的に弱酸であり，例題 2・1 に取上げたように，カルボン酸の一つ，エタン酸（酢酸）の pK_a は 4.76 である．

一方，気体の塩化水素 HCl が水に溶けて塩酸になる反応も典型的な酸解離反応である．HCl は強酸であり，pK_a 約 -7 と見積もられている．

---

* K_a は活量で表されるべきであるが，希薄溶液では平衡濃度 $[HA]$，$[H_3O^+]$，$[A^-]$ で近似できる．平衡定数は活量で表されるので一般的に無次元である．

$$\text{HCl} \quad + \quad \text{H}_2\text{O} \quad \rightleftarrows \quad \text{Cl}^- \quad + \quad \text{H}_3\text{O}^+ \qquad \text{p}K_a = 約-7$$

酸　　　　　　塩基　　　　　　　　　　HClの　　　　H₂Oの
　　　　　　　（溶媒）　　　　　　　　共役塩基　　共役酸

気体のアンモニアが水に溶ける場合には，NH_3 が塩基となり H_2O が酸として作用するので次に示すように反応する．しかし，この反応の平衡は大きく左辺に偏っている．

$$\text{NH}_3 \quad + \quad \text{H}_2\text{O} \quad \rightleftarrows \quad \text{NH}_4^+ \quad + \quad \text{HO}^-$$

塩基　　　　　　酸　　　　　　　　NH₃の　　　　H₂Oの
　　　　　　（溶媒）　　　　　　　共役酸　　　共役塩基

共役酸のアンモニウムイオンの $\text{p}K_a$ は 9.24 であり，pH＜9 ではアンモニアはおもにプロトン化された状態（アンモニウムイオン）になり，pH＞10 ではおもにアンモニア塩基の状態にあるといえる．

$$\text{NH}_4^+ \; + \; \text{H}_2\text{O} \quad \rightleftarrows \quad \text{NH}_3 \; + \; \text{H}_3\text{O}^+ \qquad \text{p}K_a = 9.24$$

酸の強さは $\text{p}K_a$ 値で表され，$\text{p}K_a$ が小さいほど酸は強く，逆に塩基はその共役酸の $\text{p}K_a$ が大きいほど強い．$\text{p}K_a$ が小さいほど酸解離定数 K_a が大きく（酸が強い），塩基 B の共役酸 BH^+ の $\text{p}K_a$ が大きいほど K_a が小さく，B は H^+ と結合しやすいからである．強酸の共役塩基は弱く，弱酸の共役塩基は強い．“その逆も真なり”で，強塩基の共役酸は弱く，弱塩基の共役酸は強い．

おもな酸の $\text{p}K_a$ は裏表紙内側の表にまとめてあるが，そのなかで代表的な化合物のおよその $\text{p}K_a$ 値を表 2・1 にあげるので，覚えておくとよい．

表 2・1　覚えておくと便利なおよその $\text{p}K_a$ 値

$\text{p}K_a \approx -2$	$\text{p}K_a \approx 5$	$\text{p}K_a \approx 10$	$\text{p}K_a \approx 15$
$\overset{+}{\text{ROH}_2}$　H_3O^+	RCO_2H　⬡–NH_3^+　⬡$\overset{+}{\text{N}}$–H	RNH_3^+　⬡–OH	ROH　H_2O

2・3　酸・塩基の強さを決める因子

次に，酸の強さを決める因子を順にみていこう．酸 HA は H^+ を失いやすいものほど強いので，**H−A 結合が弱く，共役塩基のアニオン A^- が安定なものほど強酸**

であるといえる．アニオン A⁻ の安定性を決める因子は，元素の種類，非局在化，置換基効果に分けて考えられる．

2・3・1 元素の種類

アニオン A⁻ は負電荷を受けもつ原子の電気陰性度が大きいほど安定であり，酸 HA は強い．

酸性度（電気陰性度の変化）： $CH_4 < NH_3 < H_2O < HF$

pK_a：   49   35   16   3

しかし，周期表で上から下にいくと中心原子 A が大きくなり，H−A の結合が弱くなるので，電気陰性度と関係なく次のような順になる．

酸性度（結合力の変化）： $HF < HCl < HBr < HI$

pK_a：   3   −7   −9   −10

問題 2・6 酸として H_2O と H_2S のどちらが強いか．

2・3・2 アニオンの非局在化

アニオン A⁻ の電子が非局在化すると安定になり，酸 HA は強くなる．表2・1にまとめたように，カルボン酸（p$K_a \approx 5$）はアルコール（p$K_a \approx 15$）より酸性がずっと強い．カルボン酸のカルボニル基が電子を引付けて H^+ を出しやすくしているだけでなく，共役塩基のカルボン酸イオンが非局在化しているからである．

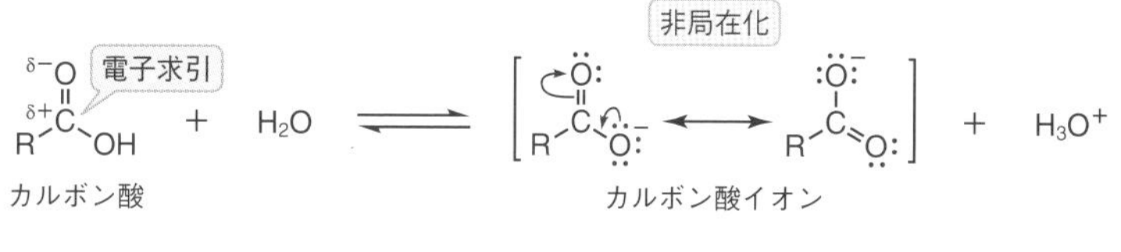

フェノールは共役塩基のフェノキシドイオンが非局在化しているので，アルコールよりも酸性が強い．

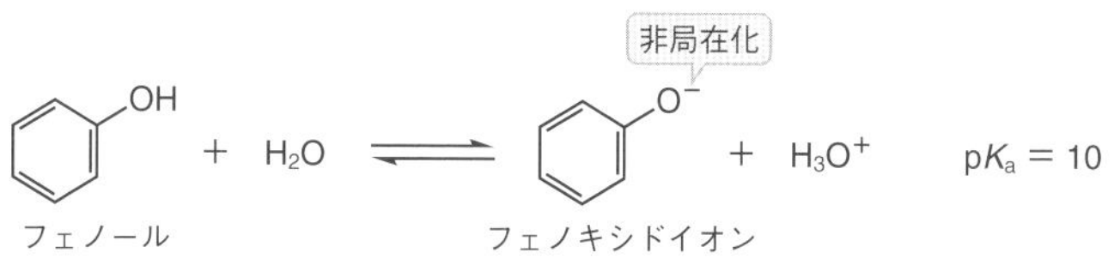

問題 2・7　フェノキシドイオンの非局在化を共鳴で表せ.
問題 2・8　表2・1によるとアルキルアミンとアニリンの共役酸のpK$_a$の概略値はそれぞれ10と5である. この違いを説明せよ.

2・3・3　置換基効果: 誘起効果と共役効果

　塩素原子Clのような電気陰性原子は結合を通して隣接基から電子を引付けるので, **電子求引基**（electron-withdrawing group または electron-attracting group）とよばれる. このように σ 結合を通して隣接基に影響する置換基の電子効果を**誘起効果**（inductive effect）という. 電子求引基はアニオンの負電荷を分散して安定化し, 酸を強くする. カルボン酸はClが多く置換しているほど強く, 官能基の近くにあるほどその影響は大きい.

$$CH_3CO_2H \quad < \quad ClCH_2CO_2H \quad < \quad Cl_2CHCO_2H \quad < \quad Cl_3CCO_2H$$
pK$_a$　　　4.76　　　　　　　2.86　　　　　　　　1.35　　　　　　　−0.5

$$CH_3CH_2CH_2CO_2H \quad < \quad ClCH_2CH_2CH_2CO_2H \quad < \quad \overset{\displaystyle Cl}{\underset{|}{CH_3CHCH_2CO_2H}} \quad < \quad \overset{\displaystyle Cl}{\underset{|}{CH_3CH_2CHCO_2H}}$$
pK$_a$　　　4.8　　　　　　　　　4.5　　　　　　　　　　4.1　　　　　　　　　2.8

　誘起効果に基づく電子求引性は原子の電気陰性度が大きいほど大きく, 酸性は強い. メチル基やアルキル基は弱い**電子供与基**（electron-donating group または electron-releasing group）になる.

$$CH_3CH_2CO_2H \quad < \quad CH_3CO_2H \quad < \quad HOCH_2CO_2H \quad < \quad ClCH_2CO_2H$$
pK$_a$　　　4.88　　　　　　　4.76　　　　　　　3.83　　　　　　　2.86

　Clだけでなく, 上の例にあるようにヒドロキシ基も電子求引基として作用する. Oが電気陰性であるためであるが, OHは不飽和炭素に結合すると非共有電子対が共役によって供与され電子供与基にもなる. 安息香酸のメタ位にOH基があると電子求引基として酸性を強くするが, パラ位のOH基は酸性を弱める.

pK$_a$　　　　　　　4.08　　　　　　　　　　4.20　　　　　　　　　　4.58

p-OH は，次の共鳴で説明できるように，共役によって O の非共有電子対が供与されるために電子供与基になる．

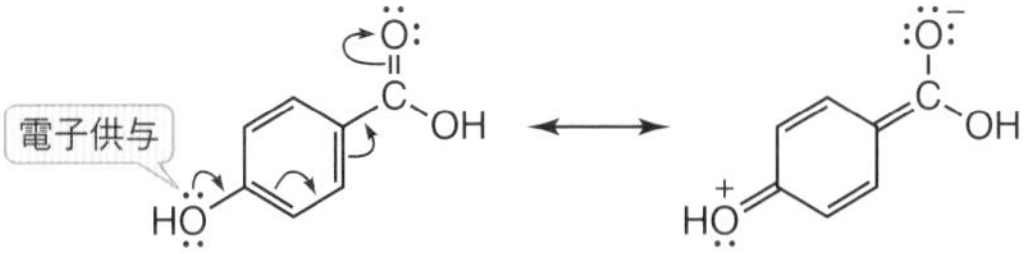

このような共役による電子効果は**共役効果**（conjugative effect）または**共鳴効果**（resonance effect）とよばれる．

　OH の電子供与性は簡単には上のように説明できるが，厳密には酸解離平衡の左辺（酸）と右辺（共役塩基）における置換基効果を比較する必要がある．

酸は上で示した共鳴で表されるが，共役塩基アニオンの共鳴は次のように表される．

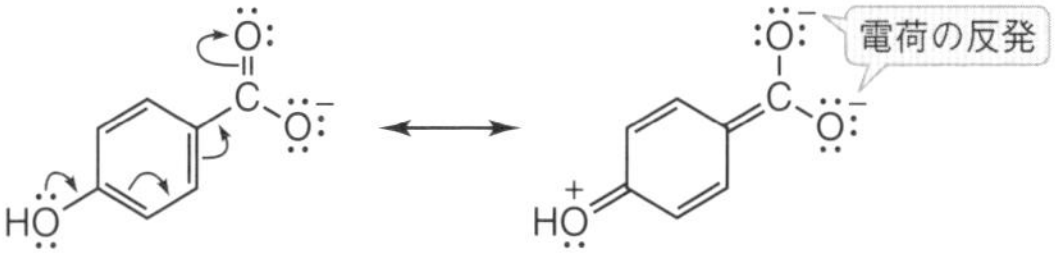

電荷分離した共鳴寄与式は二つの負電荷が近くに現れるので重要度が低く，安定性にはあまり寄与しない．したがって，酸における共鳴安定化のほうが大きく，*p*-OH は酸解離を阻害することになり酸性度を低下させる．

　共役効果が電子求引性を強化するように働くこともある．フェノールのメタ位あるいはパラ位にアセチル（エタノイル）基を導入すると，いずれも酸性を強くするが，その効果はパラ置換体のほうが大きい．

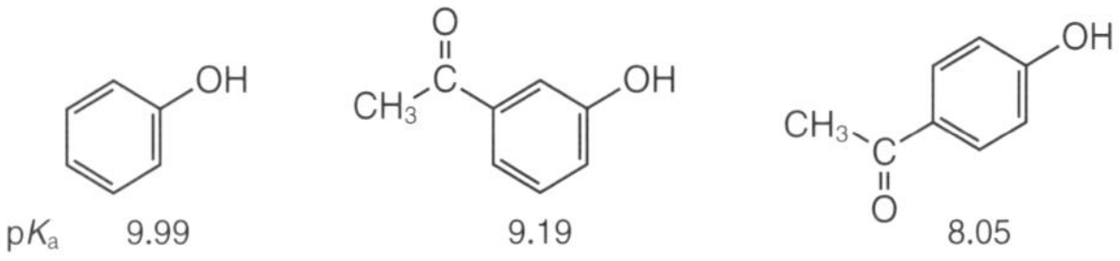

p-アセチル基が大きな電子求引性を表すのは，酸と共役塩基においてそれぞれ次のような共鳴寄与によって O の電子を非局在化させているからと考えられる．

共役塩基のアニオンにおいては酸におけるような電荷分離がないので，それだけ効果が大きいと考えられる．その結果としてアセチル基は大きな電子求引性を示す．

問題 2・9　次の2組の化合物の pK_a の違いを説明せよ．pK_a 値は構造式の下に示す．

(a)

4.09　　　　　　　4.47

(b)

8.35　　　　　　　7.14

2・3・4　置換基パラメーター

§2・3・3で解説したように，置換基の効果には電子供与性と電子求引性がある．その相対的な強さをパラメーターの形で定量化することができる．置換安息香酸の pK_a^X を使って，置換基Xの**置換基定数** σ（シグマ）を式(2・7)のように定義する．この数値 σ は，Hを基準にして電子供与性（$\sigma < 0$）と電子求引性（$\sigma > 0$）の相対的な大きさを定量化することになる．

$$\sigma = pK_a^H - pK_a^X \tag{2・7}$$

表2・2にメタ位とパラ位の置換基に対する σ_m と σ_p をまとめてある．この σ 値

表 2・2　置換基定数

置換基	σ_m	σ_p	置換基	σ_m	σ_p
$(CH_3)_2N$	-0.15	-0.83	Br	0.391	0.232
CH_3O	0.115	-0.268	I	0.352	0.18
CH_3	-0.069	-0.170	$CH_3C(O)$	0.376	0.491
C_6H_5	0.10	0.01	CN	0.615	0.670
F	0.352	0.06	CF_3	0.493	0.505
Cl	0.373	0.227	NO_2	0.710	0.78

はハメット（Hammett）置換基定数とよばれる.

たとえば，m-CH$_3$O 基は電子求引性（$\sigma_m = 0.115$）で，p-CH$_3$O 基は電子供与性（$\sigma_p = -0.268$）であることがわかる．また，アセチル基やニトロ基の電子求引性はメタ位よりもパラ位で大きいことを示している（$\sigma_m < \sigma_p$）．この関係については問題 2·9 で考えた．

問題 2·10 表 2·2 によると，(a) F の置換基定数は $\sigma_m > \sigma_p$ である．このことを説明せよ．(b) Br の置換基定数も同じ傾向をもつが，F の場合ほど違いが大きくない．F と Br の違いを説明せよ．

2·4 **カルボアニオン**

炭素に結合した H をプロトンとして出す酸を**炭素酸**（carbon acid）という．炭素から脱プロトンすると炭素に負電荷をもつ炭素アニオン，すなわち**カルボアニオン**（carbanion）になる．カルボアニオンは有機反応の重要な中間体の一つである．

$$\text{R-H} \quad + \quad \text{:B} \quad \longrightarrow \quad \text{R}^- \quad + \quad \text{BH}^+$$
炭素酸　　　塩基　　　　　　カルボアニオン

カルボアニオンの安定性は炭素酸（共役酸）の pK_a で見積もることができる．炭化水素の pK_a は非常に大きく，単純なカルボアニオンは不安定であるが，アニオンの非局在化によって共役安定化することがわかる．

カルボアニオン	H$_3$C-CH$_2$$^-$	H$_2$C$\overset{\text{H}}{\underset{}{\text{C}}}CH_2$$^-$	Ph-CH$_2$$^-$	H$_2$C=CH$^-$	HC≡C$^-$	(図)
炭素酸	H$_3$C-CH$_3$	H$_2$C$\overset{\text{H}}{\underset{}{\text{C}}}CH_3$	Ph-CH$_3$	H$_2$C=CH$_2$	HC≡CH	(図)
	エタン	プロペン	トルエン	エテン	エチン	シクロペンタジエン
pK_a	50	43	41	44	25	16

プロペンの共役塩基はアリルアニオンであり，トルエンの共役塩基はベンジルアニオンである．それぞれは共鳴で表すことができる．

エタン，エテン，エチンと pK_a が小さくなり，酸性が強くなっていく．この順に C−H 結合炭素が sp^3, sp^2, sp 混成となり，s 性が大きくなるので，できてくるアニオンの負電荷が低エネルギーの軌道に収容されてアニオンが安定になるためである．混成炭素の s 性が大きいほど電気陰性度が大きいとみなすこともできる．ま

た，シクロペンタジエンの酸性が強いのは，共役塩基のシクロペンタジエニドイオンが環状 6π 電子系で芳香族性をもつ（§1・4・2参照）ためである．

問題 2・11　アリルアニオンとベンジルアニオンを共鳴で表せ．

電子求引基があるとアニオンが安定になるので，対応する炭素酸の pK_a は小さくなる．

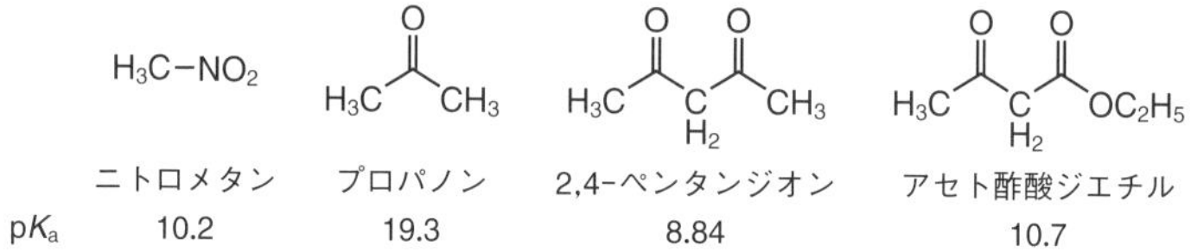

	ニトロメタン	プロパノン	2,4-ペンタンジオン	アセト酢酸ジエチル
pK_a	10.2	19.3	8.84	10.7

たとえば，プロパノンの共役塩基はエノラートイオンとよばれる．

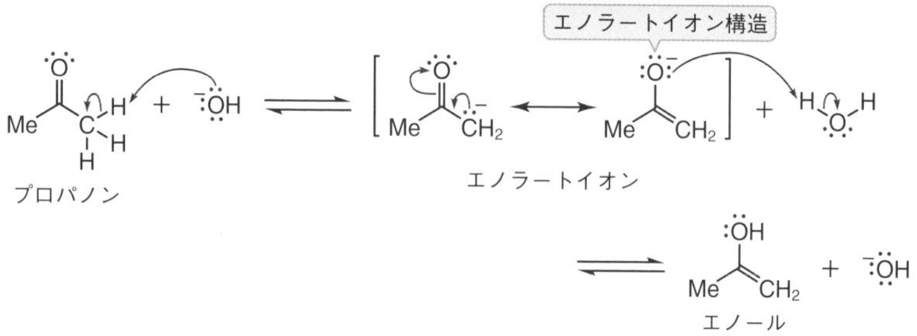

O は電気陰性度が大きく，負電荷を保持しやすいので，エノラートイオンを共鳴で表すと二つの共鳴寄与式のうちエノラートイオン構造の寄与のほうが大きい（§1・4・2参照）．そのため，このようなアニオンを一般的に**エノラートイオン**（enolate ion）とよぶ．これは，もう一つの共役酸であるエノール（enol: en＋ol であり，alkenol の短縮名が一般名となっている）のアニオンという意味である．エノールとエノラートの化学については 10 章で詳しく説明する．

略 号 表

分子構造を簡略に表すために次のような略号を用いる．

R: アルキル基	Ar: 芳香族基	Ph: フェニル基	Ac: アセチル基
Me: メチル基	Et: エチル基	Pr: プロピル基	Bu: ブチル基

問題 2・12 2,4-ペンタンジオン（一般名として 1,3-ジケトンあるいは β-ジケトンとよばれる）の共役塩基を共鳴で表せ.

2・5 カルボカチオン

炭素に正電荷をもつ炭素カチオンは, **カルボカチオン** (carbocation)[*1] とよばれ, これも有機反応の重要な中間体になる.

カルボカチオンは, C-Y (Y はヘテロ原子) 結合が安定なアニオン Y^- を出して開裂する（ヘテロリシス, §3・2 参照）ことにより生成するが, 代表的な反応はプロトン化アルコールの開裂である. この場合, 脱離するのは水分子である.

$$R-OH_2^+ \longrightarrow R^+ + H_2O$$

プロトン化　　　　　カルボカチオン
アルコール

カルボカチオンはルイス酸の一つであるが, 水に溶かすと H_2O と反応して H^+ を出す〔反応(2・8)〕ので, ブレンステッド酸の酸解離と類似の式〔式(2・9)〕[*2] を用いて pK_{R^+} を定義し, pK_{R^+} 値で安定性を定量化できる. すなわち, pK_{R^+} 値は $[R^+]$ と $[ROH]$ が同一になる pH（または pH に相当する溶媒の酸度パラメーター）に等しい. それよりも強酸性溶媒中では R^+ として存在するが, 溶媒の酸性が弱くなると ROH の形になる.

$$R^+ + 2\,H_2O \xrightarrow{\quad K_{R^+} \quad} ROH + H_3O^+ \qquad (2・8)$$

$$K_{R^+} = \frac{[ROH][H_3O^+]}{[R^+]} \qquad そして \qquad pK_{R^+} = -\log K_{R^+} \qquad (2・9)$$

不安定なカルボカチオンの pK_{R^+} はあまり知られていないが, 次に示すような例がある. シクロヘプタトリエニルカチオンは芳香族性をもつ（§1・4・2 参照）ために特に安定であり, pH 4 以下の水溶液中ではおもにカチオンとして存在する. フェニル基は共役によってカチオンを安定化し, トリフェニルメチル（トリチル）カチオンのパラ位に電子供与性のアミノ基が 3 個つくと, 中性の水溶液中でもカチオンとして存在し有用な色素になる.

---

*1 3価のカルボカチオンはとくにカルベニウムイオン (carbenium ion) ともよばれる.
*2 式(2・9)に, 式(2・5)と同じように, $[H_2O]$ が含まれないことに注意せよ.

pK_R+   −16.4   −12.3   −2.34   4.7

pK_R+   −6.63   0.82   9.36

　アルキルカチオンは第一級 < 第二級 < 第三級の順に安定になる．これはアルキル基の電子供与性によるが，おもな効果は**超共役**（hyperconjugation）による．これは，メチル基の効果として図 2・1 に示すように，カチオン中心の空の p 軌道と隣接の C−H（または C−C）結合の結合性軌道との相互作用による安定化に基づく．

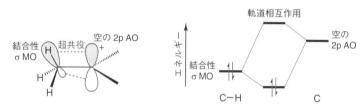

図 2・1　超共役によるカルボカチオンの安定化

　シクロプロピル基の大きなカチオン安定化効果も超共役による．この場合，3 員環を形成する C−C 結合の結合性軌道のエネルギーが高いので，超共役相互作用が大きくなり安定化効果も大きくなる．この相互作用を起こすためには，C−C 結合が空の p 軌道と平行になるために，シクロプロパン 3 員環はカルボカチオン平面と直交した形になっている（図 2・2）．

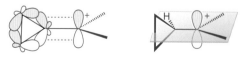

図 2・2　シクロプロピルメチルカチオンの構造と軌道相互作用

有機反応はどう起こるか

　有機反応は結合の切断と生成，すなわち結合の組換えによって起こる．それに伴なって電子の動きが生じるので，反応がどのように起こるかは電子の動きに注目していけばよい．本書では有機極性反応を酸と塩基の反応としてみていく．2章でみたように，酸塩基反応では塩基から酸に電子対が供与される．したがって，有機反応を酸と塩基の反応としてみるということは，塩基から酸への電子対の動きをみることにほかならない．電子は分子軌道に存在するので，反応性を考えるためには軌道間の相互作用に注目し，反応のエネルギーについても考える．

3・1　4種類の基本反応

　有機反応は，置換（substitution），付加（addition），脱離（elimination），と転位（rearrangement）反応の4種類の基本的な反応からなる．これらの基本反応の代表

置換　　$H_3C-Cl + HO^- \longrightarrow H_3C-OH + Cl^-$　　　　　　　　(3・1)

$$Me\overset{O}{\underset{}{C}}OH + MeOH \longrightarrow Me\overset{O}{\underset{}{C}}OMe + H_2O \qquad (3\cdot2)$$

付加

$$\underset{Me}{\overset{Me}{>}}C=C\underset{H}{\overset{H}{<}} + H-Cl \longrightarrow Me-\underset{Me}{\overset{Cl}{C}}-\underset{H}{\overset{H}{C}}-H \qquad (3\cdot3)$$

$$\underset{H}{\overset{Me}{>}}C=O + HO^- \longrightarrow \underset{H}{\overset{Me}{>}}C\underset{O^-}{\overset{OH}{<}} \qquad (3\cdot4)$$

脱離

$$Me-\underset{Me}{\overset{Cl}{C}}-\underset{H}{\overset{H}{C}}-H \longrightarrow \underset{Me}{\overset{Me}{>}}C=C\underset{H}{\overset{H}{<}} + H-Cl \qquad (3\cdot5)$$

$$\underset{H}{\overset{Me}{>}}C\underset{O^-}{\overset{OH}{<}} \longrightarrow \underset{H}{\overset{Me}{>}}C=O + HO^- \qquad (3\cdot6)$$

転　位　　　〜〜〜OH　　⟶　　〜〜〜
　　　　　　　　　　　　　　　　　　　OH　　　　　　　　(3・7)

的な例を反応(3・1)〜反応(3・7)に示す.

　置換反応では，分子の一部分が置き換わっている．付加反応は，2分子が1分子になる反応であり，アルケンやアルデヒドのような不飽和化合物に特徴的な反応である．脱離反応は付加の逆反応である．転位反応では分子の骨格が変化する．転位反応は分子内反応で異性体を生成することが多いので，異性化反応（おもな出発物と生成物とが異性体関係にある反応）になる.

3・2　3種類の反応機構

　§3・1では反応を形式的に4種類に分けて例示したが，反応機構は序章の初めにも述べたように結合の切断と生成における電子の動きから，大きく3種類に分類される．結合の切断には，結合電子対が電子対として一方の原子に移り非共有電子対になる場合と，1電子ずつ分かれて不対電子になる場合とがある*．前者は**ヘテロリシス**（heterolysis）といわれ，中性分子からはカチオン（ルイス酸，求電子種）とアニオン（ルイス塩基，求核種）を生じる〔反応(3・8)〕．後者は**ホモリシス**（homolysis）といわれ，二つのラジカルを生じる〔反応(3・9)〕．**ラジカル**（radical）は不対電子をもつ活性な反応性中間体である.

ヘテロリシス　　　$Me_3C\!-\!\ddot{\underset{..}{C}l}\!:$　　⟶　　Me_3C^+　$+$　$:\!\ddot{\underset{..}{C}l}^{\,\bar{}}$　　(3・8)
　　　　　　　2-クロロ-2-メチルプロパン　　　　カチオン　　アニオン
　　　　　　　　　（塩化 *t*-ブチル）　　　　　　　（求電子種）　（求核種）

ホモリシス　　　　　$:\!\ddot{\underset{..}{C}l}\!-\!\ddot{\underset{..}{C}l}\!:$　　⟶　　$:\!\ddot{\underset{..}{C}l}\cdot$　$+$　$\cdot\ddot{\underset{..}{C}l}\!:$　　(3・9)
　　　　　　　　　　　　　　　　　　　　　　ラジカル　　ラジカル

　ヘテロリシスは，電子が対になって動く**極性反応**の基本的な反応である．逆反応の結合生成においては，電子豊富な求核種から電子不足の求電子種に電子対が供与

Me_3C^+　$+$　$:\!\ddot{\underset{..}{C}l}^{\,\bar{}}$　　⟶　　$Me_3C\!-\!\ddot{\underset{..}{C}l}\!:$　　(3・10)
求電子種　　求核種
（ルイス酸）（ルイス塩基）

---

*　§3・3で説明するように，電子対（2電子）の動きを通常の巻矢印で表すが，ラジカル反応における1電子の動きは片羽の巻矢印（釣針矢印ともいう）で表す.

される〔反応(3・10)〕．これは§2・1でみたようにルイス酸塩基反応にほかならない．

　有機反応では，結合の切断と生成が同時に起こることが多い．これは炭素中心の反応で炭素がオクテットを超えられないからである（§1・1・2参照）．反応例としてあげた置換反応(3・1)は式(3・1a)に示すように起こっている．求核種が求電子種のCと結合すると同時にC–Cl結合が切れてCl⁻を生成している．

$$
\text{HO}^- \quad \overset{H}{\underset{H}{\text{H} - \text{C} - \text{Cl}}} \quad \longrightarrow \quad \text{HO} - \overset{H}{\underset{H}{\text{C}}} \text{H} \quad + \quad \text{Cl}^- \tag{3・1a}
$$

求核種　　　求電子種

　ホモリシスの逆反応は，ラジカルどうしが不対電子を出し合って再結合する反応(3・11)である．

ラジカル再結合　　:C̈l· + ·C̈l: ⟶ :C̈l–C̈l: 　　(3・11)

　ラジカル反応の特徴は連鎖反応機構によって進行することであるが，本書では割愛する．もう1種類の反応機構であるペリ環状反応についても詳細は述べない．

3・3　巻矢印による反応の表し方

　極性反応は本質的に酸と塩基の反応として表すことができる．このとき，2章でも述べたように，電子対は塩基から酸のほうに動いて結合を形成する．この電子対の動きを巻矢印で示すと結合の生成や切断を理解しやすい（§2・2参照）．§3・1でとりあげた反応(3・1)は式(3・1a)のように表される．最初の矢印はOの非共有電子対がO–C結合の形成に使われ，C–Cl結合電子対は塩化物イオンの非共有電子対になっている．

非共有電子対→結合　　　結合→非共有電子対

$$
\text{HO}^- \quad \overset{H}{\underset{H}{\text{H} - \text{C} - \text{Cl}}} \quad \longrightarrow \quad \text{HO} - \overset{H}{\underset{H}{\text{C}}} \text{H} \quad + \quad \text{Cl}^- \tag{3・1a}
$$

求核種　　　　求電子種
（塩基）　　　　（酸）

この反応における電子対の動きは，酸塩基反応（プロトン移動）における塩基から

酸への電子対の動き方と同じであり〔反応(2・3)〕，巻矢印はそのことを明らかにしている．求核種は塩基であり，求電子種は酸である．反応(2・3)を式(2・3a)のように書けば，その対比は一層わかりやすいであろう*．

$$\boxed{非共有電子対 \rightarrow 結合} \quad \boxed{結合 \rightarrow 非共有電子対}$$

$$\underset{塩基}{H\text{-}N\text{-}H} \ + \ \underset{酸}{H\text{-}Cl} \ \rightleftharpoons \ H\text{-}\overset{+}{N}\text{-}H \ + \ :\overset{..}{\underset{..}{Cl}}:^{-} \tag{2・3a}$$

付加反応(3・3)は，まず式(3・3a)のように進み，ここで生成したカルボカチオンと Cl⁻ がさらに式(3・3b)に示すように結合して2段階で反応を完結する．

$$\boxed{結合 \rightarrow 結合電子対} \quad \boxed{結合 \rightarrow 非共有電子対} \tag{3・3a}$$

$$\boxed{非共有電子対 \rightarrow 結合} \tag{3・3b}$$

反応(3・3a)では，アルケンが塩基（求核種）として π 結合電子対を出して酸（求電子種）HCl のプロトンと結合している．この反応はブレンステッド酸塩基反応にほかならない．2段階目のカルボカチオンと塩化物イオンの反応(3・3b)は反応(3・10)と同じルイス酸塩基反応である．電子の動きを示す巻矢印は，式(3・3a)では π 結合電子対が C-H 結合電子対になり，H-Cl 結合電子対が非共有電子対になることを示し，式(3・3b)では Cl の非共有電子対が新しい C-Cl 結合電子対になることを示している．分子中の電子対は結合電子対か非共有電子対であるので，**巻矢印は結合か非共有電子対から出発し，新しい結合をつくる原子間か新しい非共有電子対を受けもつ原子に向けて書く**．出発点となる結合は切れ，非共有電子対は結合をつくるために使われる．

＊　プロトン移動は H における置換反応とみなすこともできる．

　非共有電子対による結合の生成と結合電子対が非共有電子対になる電子の動きが同時に起こっている反応を三つみてきた．このように結合変化が複数同時に起こる反応は**協奏反応**（concerted reaction）とよばれる．これらの反応では，求電子種（酸）となる分子の原子価が満たされているため（C の場合はオクテットになっている）に，新しい結合を受け入れるために元の結合が一つ切れる必要がある．

　問題 3・1　付加反応（3・4）がどのように起こるか巻矢印で表し，それぞれの反応種を酸・塩基に分類せよ．
　問題 3・2　付加反応（3・4）の逆反応（3・6）がどのように起こるか巻矢印で表せ．
　問題 3・3　脱離反応（3・5）は付加反応（3・3）の逆反応である．上で説明したように反応（3・3）が 2 段階で起こることを参考にして，反応（3・5）を二段階反応として巻矢印で表せ．

　ヘテロ原子に正電荷をもつ求電子種（酸）は形式電荷をもつ原子がすでにオクテットになっていることが多いので，求核種（または塩基）が反応する場合には隣接原子を攻撃し，結合生成とともに結合切断が起こる．その典型的な例は，単純な酸塩基反応の反応（3・12）であろう．プロトン化カルボニル基への求核付加反応（3・13）も別の例になる．

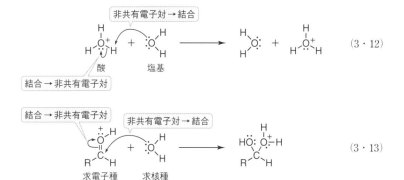

　問題 3・4　反応（3・13）は序章の反応例でみたアルデヒドの酸触媒水和反応（3 ページ）の 2 段階目の反応である．他の反応段階（a）と（b）を巻矢印で表せ．
（a）1 段階目の H_3O^+ によるアルデヒドのプロトン化．
（b）水分子を塩基として水和物を与える反応．

　アンモニウムイオンと水酸化物イオンの反応でも同じようなことがいえる．アニオンは正電荷部位を攻撃しやすいからといって，反応(3・14)のように反応することはない．このように反応するとNはオクテットを超えた不可能な構造になる．

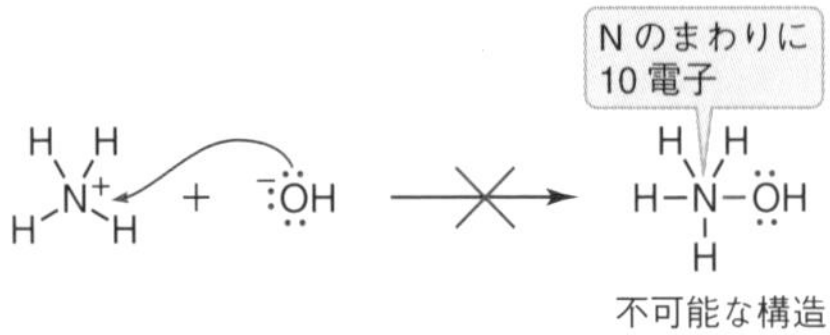

$$\tag{3・14}$$

問題 3・5　反応(3・14)は実際にはどのように起こるか．

　また，巻矢印は電子対の動きを示すものであり，原子の攻撃方向を示すものではない．たとえば，反応(3・12)を次のように書いてはいけない．

$$\tag{3・12a}$$

例題 3・1　次の反応がどう起こるか巻矢印で表せ．

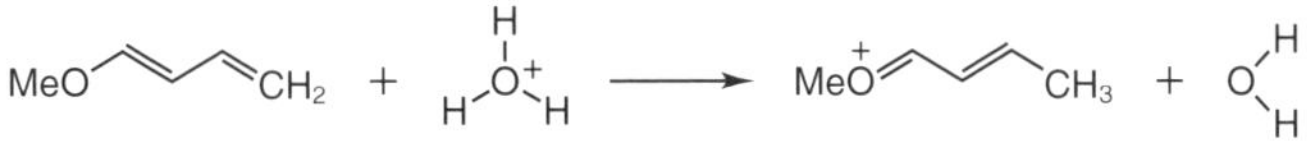

解答　電子は電子豊富な位置から電子不足な位置に向かって流れる．非共有電子対を書き込んでみれば，電子対からスタートし正電荷の方向に電子が流れるように巻矢印が並ぶことがわかる．この反応もブレンステッド酸塩基反応である．

　反応(3・3)のアルケンとHClは，原理的に，逆向きに（逆の配向で）反応(3・15)のように進むことも可能である．しかし，このような配向で反応することはほとんどない．

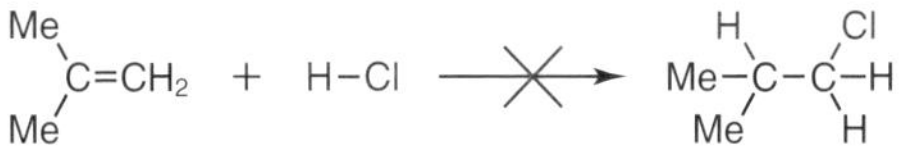

$$\underset{\text{Me}}{\overset{\text{Me}}{}}C=CH_2 \ + \ H-Cl \ \xmapsto{\ \ \times\ \ } \ Me-\overset{H}{\underset{Me}{\overset{|}{C}}}-\overset{Cl}{\underset{H}{\overset{|}{C}}}-H \tag{3・15}$$

このように反応するためには，最初にプロトン化によって第一級カルボカチオンが生成しなければならない〔反応(3・15a)〕が，事実上この反応が起こることはなく，反応(3・15) は起こらないと考えてよい．

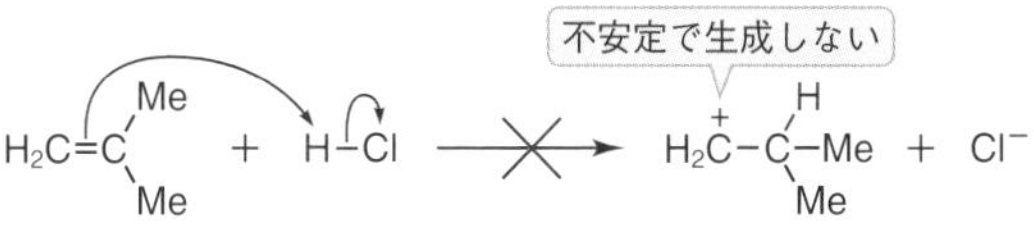

不安定で生成しない

$$H_2C=\underset{Me}{\overset{Me}{}}C \ + \ H-Cl \ \xmapsto{\ \ \times\ \ } \ H_2\overset{+}{C}-\underset{Me}{\overset{H}{\overset{|}{C}}}-Me \ + \ Cl^- \tag{3・15a}$$

反応(3・15a) が起こり得ないのは，第一級カルボカチオンが不安定で通常の溶液中には存在し得ないからである．

　反応(3・3a) と反応(3・15a) では逆の配向を表すために 2-メチルプロペンの構造を左右逆向きに書いている．すなわち，アルケンのどちらの炭素に H が結合するのかを示すために，結果を見通して構造式の書き方を変えたのである．しかし，順番からいって，構造式をみて電子の動く方向を予想するべきであって，どの原子が新しい結合をつくるかは電子がどう動くかによって決まるので，構造式の書き方を変えるのではなく，巻矢印の書き方を工夫して表すのがよい．そのために"原子指定の巻矢印"を使う．**原子指定の巻矢印**（atom-specific curly arrow）は，新しい結合をつくる原子を突き抜けるように書いて，結合する位置を明確にしている．原子指定の巻矢印を使えば，反応(3・3a) は二つの反応種の配置によって図3・1に示すような種々の表し方ができる．

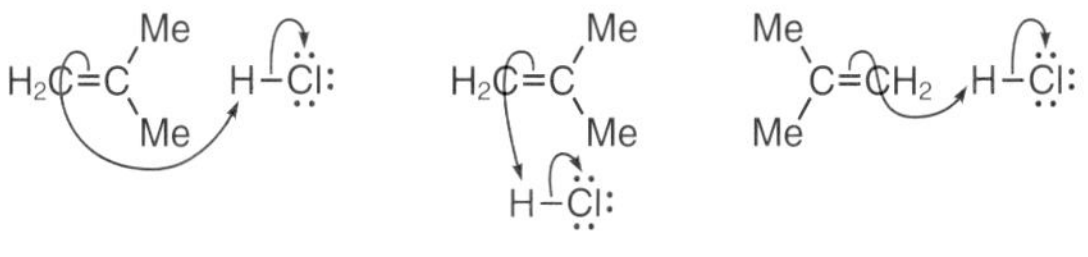

図 3・1　原子指定の巻矢印による反応(3・3a) の種々の表し方

例題 3・2　次のような還元反応はヒドリド（水素化物）イオンの移動によって起こる．反応式に非共有電子対を書き込んで電子対の動きを巻矢印で表せ．

$$H-\overset{H}{\underset{H}{\overset{|}{B}}}-H \ + \ \overset{O}{\underset{\ }{\overset{||}{R-C}}}-H \ \longrightarrow \ H-\overset{H}{\underset{H}{\overset{|}{B}}}-H \ + \ R-\overset{H}{\underset{H}{\overset{\overset{O^-}{|}}{C}}}$$

解答　テトラヒドリドホウ酸イオン BH_4^- の B には非共有電子対がないので，B−H 結合が求核中心となって反応する．

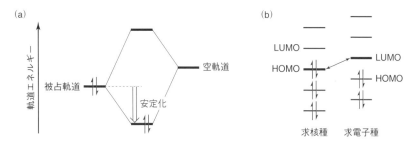

H は結合電子対をもって H^-（ヒドリドイオン）として移動し，生成物のアニオンはプロトン化されてアルコールになる．

問題 3・6　次の反応がどう進むか巻矢印で表せ．(c) と (d) は 2 または 3 段階で進む．

(a)　NH_3　+　H_3O^+　⟶

(b)　$\underset{Me}{\overset{\displaystyle O}{\|}}C\!-\!H$　+　$^-C≡N$　⟶

(c)　$MeOCH=CH_2$　+　HCl　⟶

(d)　$\underset{Me}{\overset{\displaystyle O}{\|}}C\!-\!OEt$　+　HO^-　⟶

▌3·4▐　反応における軌道相互作用

3・4・1　軌道のエネルギー

　電子の動きで反応をみてきたが，電子は軌道（分子軌道）に入っており，軌道間の相互作用で反応が起こる．**分子軌道**（molecular orbital：**MO**）には，被占軌道と空軌道（それにラジカルには半占軌道）があるが，極性反応に有効なのは被占軌道と空軌道の相互作用（図3・2a）だけである．すなわち，求核種の被占軌道と求電子種の空軌道の相互作用が重要である．軌道相互作用は二つの軌道のエネルギー差が

(a)　　　　　　　　　　　　　　　　　　　　　　(b)

軌道エネルギー →

被占軌道　　　　　　空軌道

安定化

LUMO　　　　　LUMO
HOMO　　　　　HOMO

求核種　求電子種

図 3・2　反応における軌道相互作用．(a) 被占軌道と空軌道の相互作用．(b) 求核種と求電子種の HOMO-LUMO 相互作用．

小さいほど大きいので，求核種の**最高被占分子軌道**（highest occupied MO：**HOMO**）と求電子種の**最低空分子軌道**（lowest unoccupied MO：**LUMO**）の相互作用，すなわち **HOMO-LUMO 相互作用**が最も重要になる（図 3・2b）.

3・4・2　軌 道 の 配 向

　軌道は電子の存在確率を表しているので，一定の広がりをもっており，その形は一般的に方向性をもつ．したがって，二つの軌道が効率よく相互作用するためには軌道の向きが問題になる．たとえば，反応（3・10）で Cl^- の HOMO にある非共有電子対（p 軌道）とカルボカチオンの空軌道（2p 軌道）が効率よく相互作用するためには，Cl^- はカルボカチオンの sp^2 炭素平面の垂直方向から図 3・3 のように近づく必要がある.

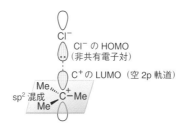

図 3・3　カルボカチオンと Cl^- の反応における軌道の配向

　同じように，アルケンへの HCl の付加反応（3・3a）では，HCl がアルケンの π 軌道と相互作用するために，HCl は二重結合平面の上方から近づく必要がある.

3・5 反応におけるエネルギー関係
3・5・1　反応のエネルギー変化

　反応においては，結合が切れて新しい結合が生成する過程で必然的に高エネルギー状態を通る．その様子はポテンシャルエネルギー面を反応経路に沿って切り取った**エネルギー断面図**（energy profile）で図 3・4 のように表される．横軸は反応の進行程度を示す分子構造変化を表すパラメーターであり，**反応座標**（reaction coordinate）とよばれる．縦軸はエネルギーであり，ポテンシャルエネルギーはエンタルピー（enthalpy, H）に相当するが，ギブズエネルギー（Gibbs energy, G）も同じような形で考えられる．最もエネルギーの高い状態（エネルギー障壁）を**遷移状態**（transition state：TS）といい，その分子構造を遷移構造という.

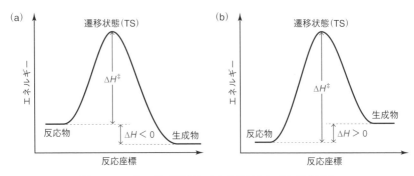

図 3・4　エネルギー断面図. (a) 発熱反応と (b) 吸熱反応.

　生成物と反応物のエンタルピー差 ΔH は反応のエンタルピーとよばれ，**反応熱** (heat of reaction) に相当する．$\Delta H < 0$ の反応を**発熱反応** (exothermic reaction)，$\Delta H > 0$ の反応を**吸熱反応** (endothermic reaction) という．それぞれ，実際に熱を発生したり吸収したりする．TS と反応物のエンタルピー差 $\Delta H^{\ddagger}$ は**活性化エネルギー** (activation energy) または活性化エンタルピーとよばれ，反応速度を決めている．

　エントロピー S を考慮してギブズエネルギー G で考えることも多い．$G = H - TS$ (T は絶対温度で単位 K) の関係があるので，図 3・4 の H を G に置き換えると，ΔG はギブズの反応エネルギー，$\Delta G^{\ddagger}$ はギブズの活性化エネルギーとよばれる．$\Delta G < 0$ の反応は**発エルゴン反応** (exergonic reaction)，$\Delta G > 0$ の反応は**吸エルゴン反応** (endergonic reaction) といわれる[*1]．

3・5・2　反応速度と平衡定数

　反応速度は反応にかかわる反応物の濃度に比例する．その比例定数 k が**速度定数**である〔式(3・16)〕[*2]．

$$\text{A} + \text{B} \underset{k_{-2}}{\overset{k_2}{\rightleftharpoons}} \text{C} + \text{D} \qquad 反応速度 = k_2[\text{A}][\text{B}] \qquad (3・16)$$

そして，速度定数 k はアイリング (Eyring) の絶対反応速度論により，$\Delta G^{\ddagger}$ の指数関数で式(3・17) のように表せる．

[*1]　反応のエネルギー変化は，反応速度と対応させるのであればギブズエネルギー，反応熱に対応させるのであればエンタルピーを用いるべきであるが，一般的にはエントロピーの寄与は非常に小さいので，あいまいに“エネルギー”と表現することが多い．

[*2]　速度定数の下付きの添字 2 は二次反応 (速度が反応物濃度の二次に比例する反応) であることを示す．

$$k = \frac{k_B T}{h} \exp\left(-\frac{\Delta G^{\ddagger}}{RT}\right) \tag{3・17}$$

ここで, T は絶対温度（単位 K）であり, k_B, h, R はそれぞれボルツマン（Boltzmann）定数, プランク（Planck）定数, 気体定数である. したがって, $\Delta G^{\ddagger}$ が小さい（TSが低い）ほど, また温度が高くなるほど, k が大きく, 反応は速い. 有機反応の $\Delta G^{\ddagger}$ は通常 $40 \sim 200 \ \mathrm{kJ \ mol^{-1}}$ である.

一方, 式(3・16) の反応の**平衡定数** K は, 平衡における反応物と生成物の濃度 $[A]_e$, $[B]_e$, $[C]_e$, $[D]_e$ を用いて, 式(3・18) で表され, 正逆反応の速度定数比に等しい. また, K は ΔG の指数関数で表される.

$$K = \frac{[A]_e[B]_e}{[C]_e[D]_e} = \frac{k_2}{k_{-2}} \qquad K = \exp\left(-\frac{\Delta G}{RT}\right) \tag{3・18}$$

式(3・18) からわかるように, $\Delta G < 0$（発エルゴン反応）であれば $K > 1$, $\Delta G > 0$（吸エルゴン反応）であれば $K < 1$ となる.

3・5・3 多段階反応

有機反応には 2 段階以上の反応過程をもつ多段階反応もよくみられる. このような反応で各段階の間に中間体が存在する. たとえば, メチルプロペンへの HCl 付加反応(3・3) はカルボカチオンを中間体とする二段階反応であった〔反応(3・3a) と反応(3・3b)〕. このような二段階反応のエネルギー変化は図 3・5 のように表される.

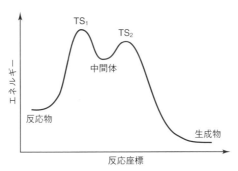

図 3・5　二段階反応のエネルギー変化

多段階反応では, 各段階に遷移状態 TS がみられる. そのうち最もエネルギーの高い TS が全体の反応速度を決めるので, 最も高い TS をもつ段階を**律速段階**（rate-determining step）とよぶ. 活性化エネルギーの定義はあいまいになるので,

その大小で律速段階を決めることは避けたほうがよい. 図3・5の二段階反応では
TS₁が律速遷移状態であり, 第1段階が律速段階である.

問題 3・7　第2段階が律速となる発熱的な二段階反応のエンタルピー図を書け.

3・5・4　ハモンドの仮説

　有機化学者の関心は, 反応機構とともに反応物の**反応性**（反応しやすさ）にある.
反応性（反応速度）を決めるのは, TSのエネルギーであるが, その構造（遷移構造）
を知り, その構造から定性的にでもTSの安定性を推定したいと思う. 遷移構造は
部分結合で表さざるを得ないので, ルイス構造式では表せない. では, どう表した
らよいのだろうか. George S. Hammond（ハモンド: 1921〜2005, 米）は1955年
に, "ある1段階の反応で反応物がTSを経て変化する過程で, エネルギー的に近い
状態は構造的にも近い"という仮説を提案した. この**ハモンドの仮説**は反応物と生
成物のエネルギーが大きく異なるような反応に適用できる. 図3・6のように（a）
強い発熱反応ではTSは反応物に似ており（エネルギー的に近く構造的にも近い），
（c）のような強い吸熱反応ではTSは生成物に似ているといえるが, （b）のような
より一般的な反応で反応物と生成物のエネルギー差よりもTSがずっと高いところに
あるような反応には適用すべきでないと述べている[*].

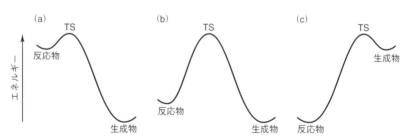

図 3・6　1段階の反応のエネルギー変化.（a）強い発熱反応.（b）エネルギー変化の
小さい反応.（c）強い吸熱反応.

　前項でみた図3・5のような二段階反応を考えると, 中間体は第1段階の生成物で
あり, 第2段階の出発物である. 反応中間体はエネルギー的に高くTSに近い. し

---

[*]　単に "TSは, 発熱反応では反応物に, 吸熱反応では生成物に似ている"と表現されることがあ
るが, これはハモンドの仮説を単純化しすぎている.

たがって，各段階の TS は構造的にも中間体に近いといえる．第 1 段階は図 3・6(c) の例と考えられ，第 2 段階は図 3・6(a) の例と考えられる．このように，ハモンドの仮説によれば，反応物の反応性は反応中間体の構造によって考察できる．中間体のエネルギーが低いほど，TS のエネルギーも低いと考えられるので，類似の化合物の反応性を比較するときには，**反応中間体が安定であるほど反応性が高い**と考えてよい．ハモンドの仮説は，たとえば，アルケンへの求電子付加（4 章）や S_N1 反応（6 章）における反応物の反応性をカルボカチオン中間体の安定性で考察する根拠になっている．

アルケンの酸塩基反応：求電子付加反応

　3章でアルケンが求核種（塩基）になることに触れ，反応例として HCl の付加反応をあげた〔反応(3・3)〕.

$$
\begin{array}{ccccc}
\underset{\substack{\text{求核種}\\\text{（塩基）}}}{\overset{\text{Me}}{\underset{\text{Me}}{}}C=C\overset{\text{H}}{\underset{\text{H}}{}}} & + & \underset{\substack{\text{求電子種}\\\text{（酸）}}}{\text{H}-\overset{\cdot\cdot}{\underset{\cdot\cdot}{\text{Cl}}}\colon} & \longrightarrow & \underset{\substack{\text{求電子種}\\\text{（酸）}}}{\overset{\text{Me}}{\underset{\text{Me}}{}}\overset{+}{C}-C\overset{\text{H}}{\underset{\text{H}}{}}\text{H}} & + & \underset{\substack{\text{求核種}\\\text{（塩基）}}}{\colon\overset{\cdot\cdot}{\underset{\cdot\cdot}{\text{Cl}}}\colon^{-}} & \longrightarrow & \underset{}{\text{Me}-\overset{\colon\overset{\cdot\cdot}{\underset{\cdot\cdot}{\text{Cl}}}\colon}{C}-C\overset{\text{H}}{\underset{\text{H}}{}}\text{H}}
\end{array}
$$

$$(3 \cdot 3)$$

　これは π 結合の酸塩基反応の典型的な例である．一般的には **求電子付加**（electrophilic addition）とよばれているが，アルケンを弱い塩基とするブレンステッド酸塩基反応にほかならない．さらに，2段階目はカルボカチオン中間体をルイス酸（求電子種）とし，塩化物イオンを塩基（求核種）とするルイス酸塩基反応である．

　π 結合は，σ 結合よりエネルギーが高くて π 電子を出しやすく，軌道も大きく広がっているために，塩基として作用できる．したがって，上の HCl 付加でみられるように，アルケンは求電子種 E^+（酸）と反応してカルボカチオン中間体を生成し，ついで求核種 Nu^- と結合して2段階で付加反応を完結する．

$$
\text{求電子付加} \quad C=C \quad + \quad E-Nu \quad \longrightarrow \quad \underset{\substack{\text{カルボカチオン}\\\text{中間体}}}{\overset{+}{C}-C\overset{E}{}} \quad + \quad Nu^- \quad \longrightarrow \quad \overset{Nu}{C}-C\overset{E}{}
$$

　この章の主題はアルケンやアルキンが求核種となって反応する求電子付加であるが，電子求引基と共役した π 結合は求電子種（酸）として求核付加を受けることもある．このような求電子性アルケンへの付加反応については5章で説明する．

4・1 アルケンとプロトン酸の反応

　アルケンと反応する最も単純な求電子種はブレンステッド酸から出てくる H^+ で

ある. アルケンは弱塩基なので, 効率よく反応させるには強酸が必要である. 典型的な強酸としてハロゲン化水素 HX やオキソニウムイオン H_3O^+ がある. HCl, HBr, HI の pK_a は $-7 \sim -10$ であり, H_3O^+ の pK_a は -1.74 と見積もられている.

4・1・1 ハロゲン化水素の付加

最初に HCl 付加を反応例として取上げたが, HBr や HI も同じように反応する. しかし, HF は酸として弱い (pK_a 3.2) のでアルケンには付加しない. HF 以外のハロゲン化水素 HX は水溶液として用いられることも多いが, 強酸 HX は濃厚溶液でも解離して $H_3O^+X^-$ の形で存在するので, H_3O^+ からのプロトン移動で反応する. 通常の有機溶媒には HX がよく溶けないので, エタン酸 (酢酸) AcOH が溶媒としてよく用いられる.

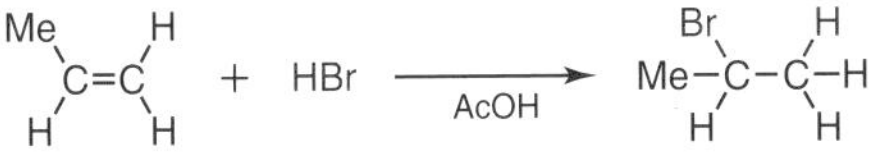

問題 4・1 上の反応がどのように進むか, 巻矢印で表せ.

4・1・2 酸触媒水和反応

水の付加は**水和反応** (hydration) とよばれる. 生成物はアルコールである. H_2O は酸として弱いので, 少量の強酸が触媒として使われる. 強酸のなかでも共役塩基アニオンの求核性が低い硫酸 H_2SO_4 (pK_a -3) がよく用いられる.

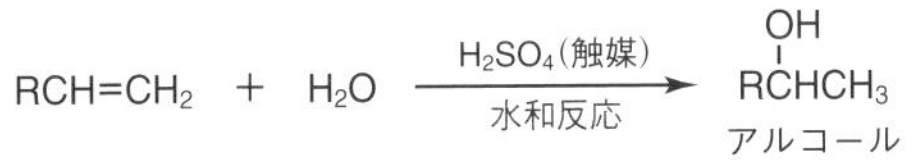

反応は次のように進む.

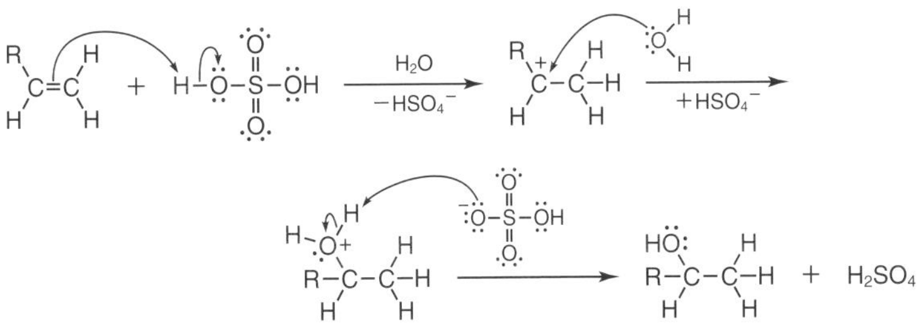

問題 4・2　酸触媒水和の逆反応，すなわちアルコールの脱水反応がどのように進むか，巻矢印で表せ．

4・1・3　反応性と付加の配向性

　反応性は遷移状態のエネルギーに依存する．そして，§3・5・4でみたようにハモンドの仮説に従えば，反応中間体の**カルボカチオンが安定であるほど反応性が高い**といえる．付加の**配向性もカルボカチオン中間体の安定性を比較する**ことによって決められる．カルボカチオンの安定性については，§2・5でも述べたが，共役効果が大きく作用する．

a. カルボカチオンの安定性　　アルキルカチオンの安定性は超共役（§2・5）によって，第三級 ＞ 第二級 ＞ 第一級の順になっている．

アルキルカチオンの安定性

$$\underset{\text{第三級}}{\overset{R}{\underset{R}{R-\overset{+}{C}-R}}} > \underset{\text{第二級}}{\overset{R}{\underset{H}{R-\overset{+}{C}-H}}} > \underset{\text{第一級}}{\overset{R}{\underset{H}{H-\overset{+}{C}-H}}} > \underset{\text{メチル}}{\overset{H}{\underset{H}{H-\overset{+}{C}-H}}}$$

不安定で通常の溶液では生成しない

　共役による安定化は大きいので，第二級カチオンの安定性はほぼ次のようになる．OやNの非共有電子対との共役は大きな安定化要因になる．

共役安定化

$$\overset{R}{CH_3-\overset{+}{C}-H} < \overset{R}{CH_2=CH-\overset{+}{C}-H} < \overset{R}{C_6H_5-\overset{+}{C}-H} < \overset{R}{HO-\overset{+}{C}-H} < \overset{R}{H_2N-\overset{+}{C}-H}$$

二重結合と共役したカチオンはアリル型カチオンであり，フェニル基と共役したカチオンはベンジル型カチオンである．ヒドロキシメチルカチオンは，共鳴寄与式からプロトン化カルボニルであることがわかる．

$$\underset{\substack{\text{ヒドロキシ}\\\text{カルボカチオン}}}{\overset{\overset{\cdot\cdot}{\underset{\cdot\cdot}{O}}-H}{R-\overset{+}{C}-H}} \longleftrightarrow \underset{\substack{\text{プロトン化}\\\text{カルボニル}}}{\overset{\overset{+}{O}-H}{R-\overset{\|}{C}-H}}$$

問題 4・3　上にあげた共役安定化カルボカチオンのうち，ベンジル型カチオンとアミノカルボカチオンを共鳴で表せ．

b. 付加の配向性　　非対称なアルケンに求電子種が付加するとき，**より安定なカルボカチオン中間体が生成するような配向**で反応する．これまでに出てきたアルケンにおいても，この傾向がみられた．

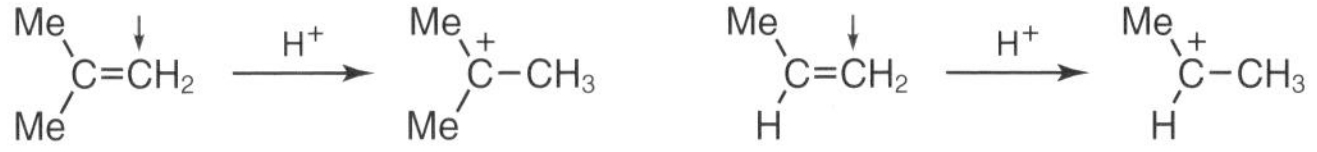

カルボカチオンは（電子供与性）置換基によって安定化されるので，求電子種は置換基の少ないほうの炭素を攻撃する傾向がある．この傾向はマルコフニコフ（Markovnikov）配向とよばれることもある．

> **問題 4・4**　次のアルケンのプロトン化で生成するおもなカルボカチオンの構造を示せ.
>

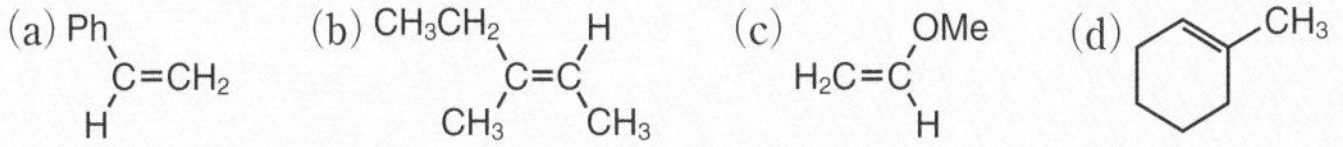

c. アルケンの反応性　　おもなアルケンの求電子種に対する反応性は，生成するカルボカチオンの安定性に従って，次のような序列になる．

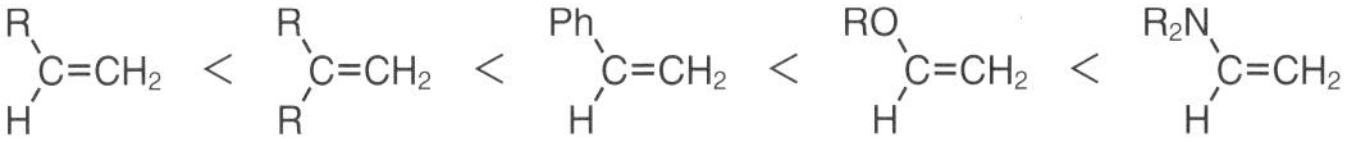

> **問題 4・5**　次のアルケンの組合わせにおいて，求電子種に対する反応性が高いのはどちらか.
>

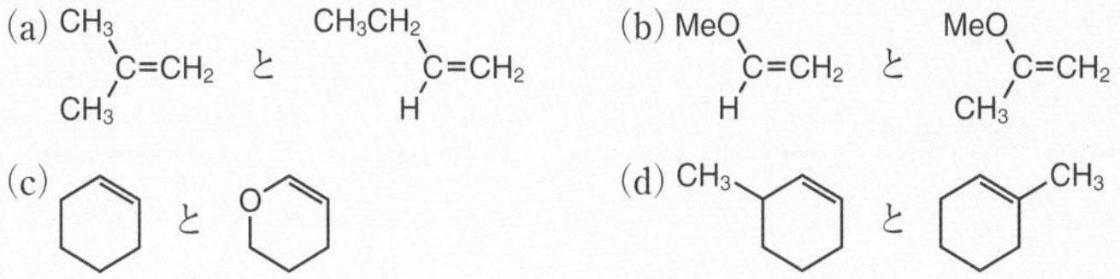

4・1・4　オキシ水銀化とヒドロホウ素化

アルケンの酸触媒水和反応はアルコールを生成する反応であるが，合成反応としては一般的に効率が悪い．これに代わる方法は水銀塩を用いるオキシ水銀化である．この反応はアルケンが水銀塩と錯体をつくることによって進行している．

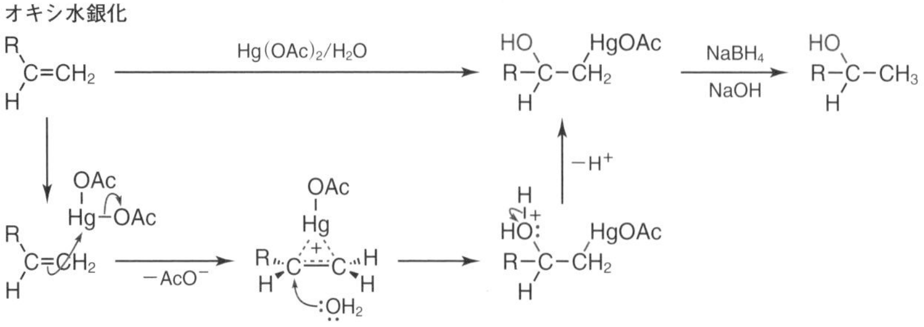

オキシ水銀化

　もう一つの反応はヒドロホウ素化とよばれる反応であり，ルイス酸のボラン BH$_3$ の付加物を酸化すると逆マルコフニコフ配向のアルコールが得られる．ボランは B が求電子中心となって一段階反応でシン付加する[*1].

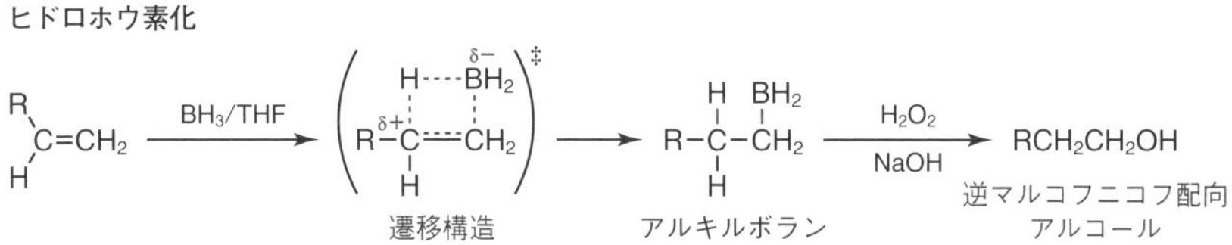

ヒドロホウ素化

4・2 臭素の付加

　臭素などのハロゲン分子は結合が弱いので，極性溶媒中で塩基や酸が近づくとヘテロリシスを起こしやすく[*2]，アルケン（塩基）に対してルイス酸（求電子種）として付加する．Br$^+$ が付加してできる中間体は 3 員環状の**ブロモニウムイオン**（bromonium ion）である．Br$^-$ はこの環状中間体の反対側から反応する．その結果，**アンチ付加**（トランス付加ともいう）となり，シクロヘキセンからは 1,2-ジブロモ生成物のトランス体を与える．

---

*1　ボランの B は電子不足なので気相では二量体（ジボラン）になっているが，エーテルのようなルイス塩基性溶媒中では溶媒分子と付加物を形成している．

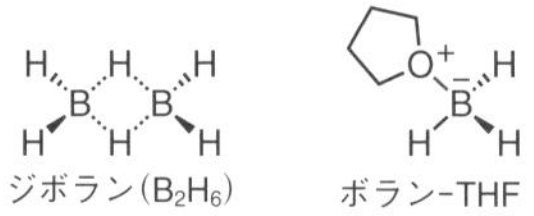

ジボラン(B$_2$H$_6$)　　　ボラン-THF

*2　Br$_2$ にルイス酸（たとえば，AlBr$_3$）を反応させると，芳香族求電子置換の求電子種として，より効率よく Br$^+$ を生成する（§9・2 参照）．

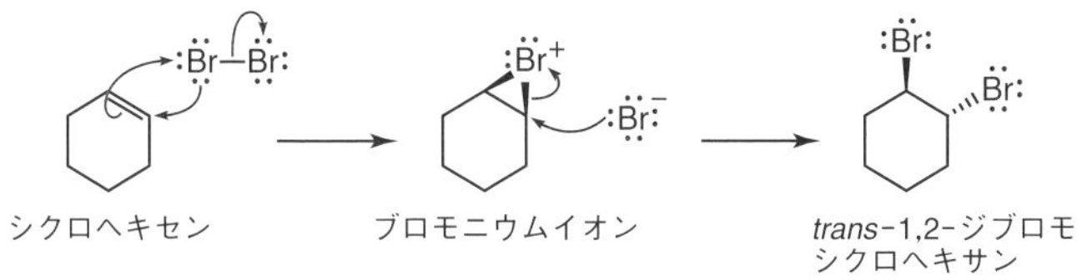
:Br—Br:
:Br+
:Br:−
:Br:
Br:
シクロヘキセン
ブロモニウムイオン
trans-1,2-ジブロモ
シクロヘキサン

ROH や H_2O のような求核性溶媒中で反応すると，ブロモニウムイオンが溶媒と反応した生成物もできる．

問題 4・6 次の反応の主生成物の構造を示せ．

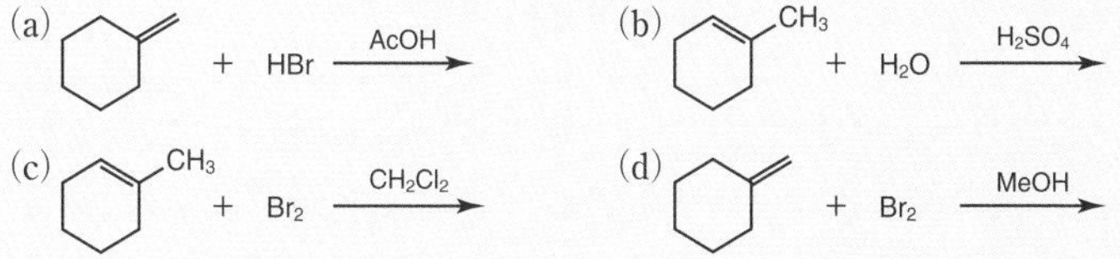
(a)
+ HBr
AcOH
(b)
CH3
+ H2O
H2SO4
(c)
CH3
+ Br2
CH2Cl2
(d)
+ Br2
MeOH

4・3 アルキンへの付加

アルキンもアルケンと同じように反応するが，反応性は低い．アルキンの不飽和炭素は sp 混成で，アルケンの sp^2 炭素よりも s 性が大きいので，電気陰性度が大きく，π 電子の広がりが小さいからである．同じ理由で中間体のカルボカチオン（ビニルカチオン，正電荷をもつ炭素は sp 混成）は，アルキルカチオン（sp^2 混成）よりも不安定である．生成物のハロアルケンはさらに付加反応を受ける．たとえば，HBr の付加は下に示すように進む．2 分子目の HBr は Br 置換基が電子求引性をもつにもかかわらず，式に示した配向で進む．Br 置換基の非共有電子対が中間体カ

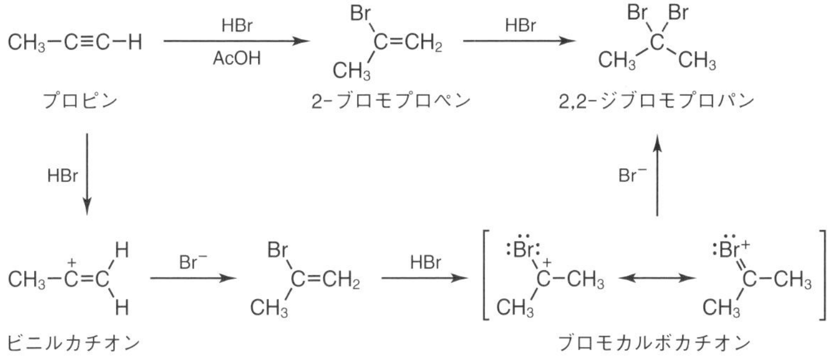
CH3−C≡C−H
HBr
AcOH
Br
C=CH2
CH3
HBr
Br Br
C
CH3 CH3
プロピン
2-ブロモプロペン
2,2-ジブロモプロパン
HBr
Br−
CH3−C=C
H
H
Br−
Br
C=CH2
CH3
HBr
:Br:
C−CH3
CH3
:Br+
C−CH3
CH3
ビニルカチオン
ブロモカルボカチオン

チオンを安定化できるからである.

水和反応の生成物はエノールであるが，異性化してカルボニル化合物になる（ケト-エノール互変異性化，§10・1・1参照）.

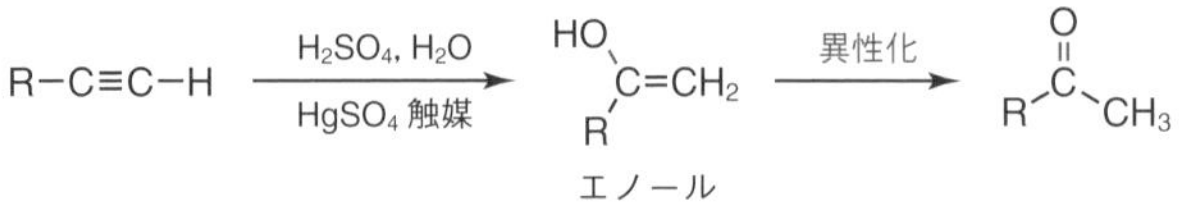

エノール

4・4 ブタジエンへの 1,2-付加と 1,4-付加

1,3-ブタジエンの二重結合は共役しているので，**共役ジエン**（conjugated diene）とよばれる．たとえば，HBr の付加をみると，H$^+$ が末端炭素に付加し，Br$^-$ が単純に2位に付加したもの（1,2-付加物）と4位に付加したもの（1,4-付加物）が生成してくる．**1,2-付加**と**1,4-付加**の比率は反応条件に依存し，低温で短時間反応させると 1,2-付加物の比率が高いが，長時間反応を続け，温度を上げると 1,4-付加物の比率が増えてくる．低温で生成した 1,2-付加物から 1,4-付加物への異性化が起こっている.

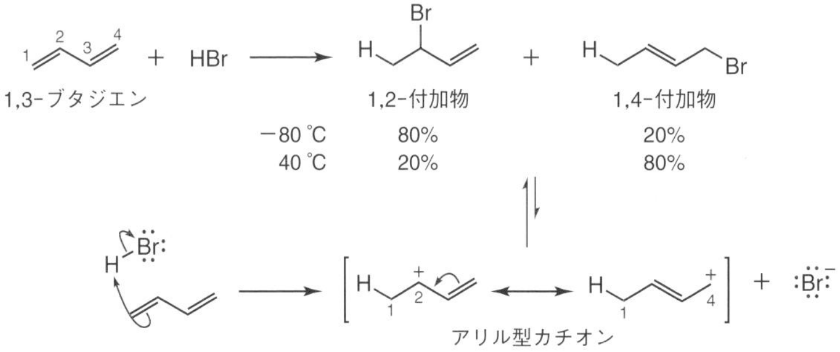

アリル型カチオン

このような結果になるのは，中間体がアリル型カチオンで，反応が可逆的に起こるためである．そして，1,2-付加物の末端アルケンよりも 1,4-付加物の内部アルケンのほうが安定であるために，最初に速い反応で生成した 1,2-付加物が，ゆっくりと安定な 1,4-付加物に異性化する.

反応のエネルギー関係は図 4・1 のように表すことができる．1,2-付加の遷移状態は 1,4-付加の遷移状態よりも低いが，生成物のエネルギーは 1,4-付加物のほうが低い．したがって，1,2-付加物は速く生成し（速度支配），1,4-付加物はより安定で

ある（熱力学支配）．

反応速度比が生成物比に反映されるような反応を**速度支配**（kinetic control），生成物の安定性で生成比が決まるような反応を**熱力学支配**（thermodynamic control）という．

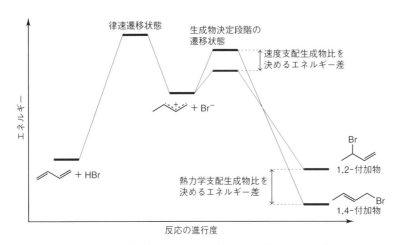

図 4・1　1,3-ブタジエンへの 1,2-付加と 1,4-付加のエネルギー

4·5 ディールス-アルダー反応

1,3-ブタジエンなどの共役ジエンとアルケンが両端で結合してシクロヘキセン環を形成する反応は，発見者名を冠して**ディールス-アルダー**（Diels-Alder）**反応**とよばれる*．

ジエン　　無水マレイン酸　　　　〜100%　　　　遷移状態
　　　　　（ジエノフィル）

---

*　このように2分子から協奏的に環を形成する反応を一般的に付加環化反応という．類似の芳香族性遷移構造を経て進む反応にシグマトロピー転位と電子環状反応とよばれる反応もあり，この3種類の反応を総合してペリ環状反応という．その共通の特徴は，π結合を含む結合組替えが環状遷移構造を経て協奏的に起こることであり，正逆両方向の反応が可能である．

　この反応は，中間体を経ないで1段階で結合変化が起こる特別な反応であり（このような反応を**協奏反応**という），求電子付加とはいえないが，ジエンに電子供与基があり，アルケン〔ジエノフィル（dienophile）という〕に電子求引基があると反応が進みやすい．この協奏反応が進むのは，環状6電子系の**芳香族性遷移構造**を経るからである．

　この反応の分子軌道相互作用は図4・2のように表される．HOMO-LUMO 相互作用が結合的に（同位相で）起こる．

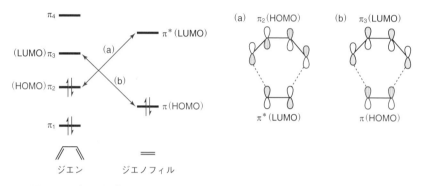

　図 4・2　ジエンとジエノフィルの分子軌道相互作用．(a) と (b) に HOMO-LUMO 相互作用を示す．

問題 4・7　次の組合わせの反応で得られる環化生成物の構造を示せ．

カルボニル基の酸塩基反応 I：
求核付加反応

　極性二重結合のカルボニル(C=O)基の π 結合はルイス酸（求電子種）として求核種の攻撃を受けて反応する．その結果は**求核付加**（nucleophilic addition）であり，4 章でみたアルケンの π 結合が塩基として反応し，求電子付加を受けるのと対照的である．

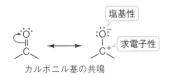

カルボニル基の共鳴

　カルボニル基の π 結合が求電子性を示すのは上の共鳴で表すように分極していることによるが，O には非共有電子対があるので塩基として反応することも可能である．

　アルデヒドに HO⁻ が求核種として付加する反応と O-プロトン化を経て H_2O が付加する反応は，序章で塩基触媒と酸触媒の水和反応になることを示した（§5・1 参照）．

　この章ではこのようなカルボニル化合物への求核付加について学ぶが，8 章ではエステルなどのカルボン酸誘導体が求核付加-脱離により置換を起こす反応についてみていく．

5・1　水 和 反 応

アルデヒドやケトン（カルボニル化合物）の**水和反応**（hydration）では，H_2O が求核種として求電子性のカルボニル基に付加している〔反応(5・1)〕．しかし，H_2O 分子自体は求核性が低いため，中性の水溶液中では反応が非常に遅い．塩基性あるいは酸性条件にすると反応は速やかに進む．反応は可逆で，通常，逆反応の脱水反応が起こりやすい（問題 5・1 参照）ために**水和物**（hydrate）を取出すことはむずかしい．

（アルデヒド または ケトン） + H_2O $\underset{}{\overset{\text{水和反応}}{\rightleftharpoons}}$ （水和物）　　　　　　(5・1)

5・1・1　塩基触媒水和反応

塩基性条件では HO^- が求核種となって反応し，ついで付加物と溶媒の H_2O が酸塩基反応を起こして生成物を与える．この 2 段階目で HO^- が再生されるので，全反応は触媒反応になる．すなわち，塩基触媒水和反応は次のように進む．

塩基触媒水和反応

強い求核種 $\xrightarrow[\text{求核付加}]{H_2O}$ $\rightleftharpoons$ $\underset{\text{酸塩基反応}}{\rightleftharpoons}$ $+ HO^-$ 触媒再生

5・1・2　酸 触 媒 水 和 反 応

酸性条件では，O-プロトン化（酸塩基反応）によってカルボニル基の求電子性が増強され，求核性の低い H_2O 分子が付加できるようになる．求電子種と求核種の

酸触媒水和反応

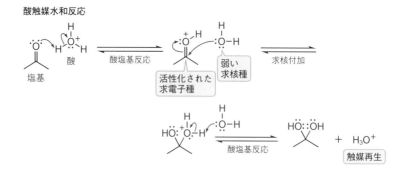

反応で生成した付加物は，もう一度酸塩基反応を起こして最終生成物の水和物を与える．この場合にも，H_3O^+ が再生され触媒反応になる（酸触媒水和反応）．

> **問題 5・1** アルデヒド RCHO の水和物の酸触媒脱水反応（水和の逆反応）の反応機構を巻矢印を用いて表せ．

5・1・3 水和反応の平衡

カルボニル化合物の水和反応（5・1）は反応機構でみたように全過程が可逆であり，平衡定数 K_h が測定されている．K_h の代表的な例を表5・1にまとめる．

表 5・1　水和反応（5・1）の平衡定数[†]

No.	カルボニル化合物	K_h	No.	カルボニル化合物	K_h
1	H_2CO	2000	5	$(CH_3)_2CHCHO$	0.43
2	CH_3CHO	1.06	6	C_6H_5CHO	0.008
3	$ClCH_2CHO$	37.0	7	$p\text{-}NO_2C_6H_4CHO$	0.17
4	Cl_3CCHO	約 10^4	8	$CH_3C(O)CH_3$	0.0014

† K_h ＝［水和物］/［カルボニル化合物］，水溶液中 25 ℃．

メタナール（No. 1）の平衡定数 K_h は大きく，水溶液中でほとんど完全に水和されている．それに対して，ケトンのプロパノン（No. 8）はわずか 0.1% 程度しか水和されていない．エタナール（No. 2）は約 50% まで水和されているが，メタナールの H をもっと大きいアルキル基（No. 5）やフェニル基（No. 6）で置換すると K_h は小さくなる．これらの結果は，水和物とカルボニル化合物のエネルギー差 ΔE で説明できる（図5・1）．カルボニル化合物の安定化（エネルギー差 ΔE_1 になる）と水和物の不安定化（エネルギー差 ΔE_2 になる）はいずれも K_h を小さくする．

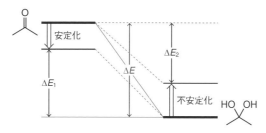

図 5・1　カルボニル化合物の水和反応におけるエネルギー変化．
出発物と生成物の安定性の影響．

　カルボニル基は共役によって安定化され，水和物は立体ひずみ（§1・5・3参照）によって不安定化される．カルボニル基はフェニル基だけでなくアルキル基によっても安定化される（超共役，§2・5参照）．しかし，付加反応によってカルボニル炭素が sp^2 混成から sp^3 混成に変化すると，炭素の結合角が約 120° から 109.5° と小さくなる．そのため，結合している二つのグループが互いに近づき，立体反発（ひずみ）を生じる（図5・2）.

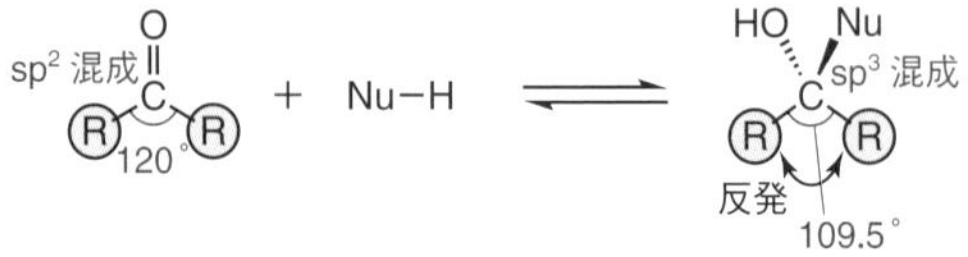

図 5・2　結合角の変化による立体ひずみの増大

　一方，エタナールの H を電子求引基の Cl で置換すると水和されやすくなる（No. 3と4）．同じ関係は No. 6 と 7 にもみられる．エタナールの隣接炭素に正電荷が生じるため，電荷間の静電反発でアルデヒドが不安定になり K_h が大きくなるからである.

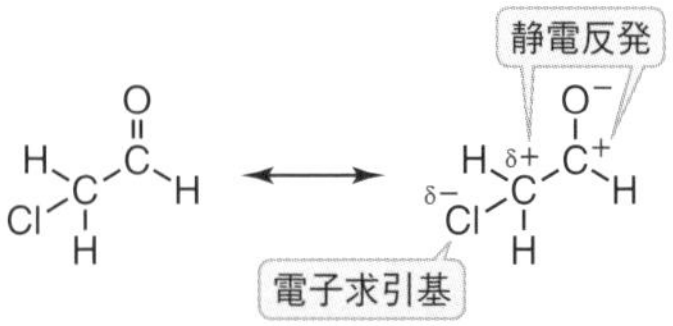

図 5・3　静電反発によるカルボニル化合物の不安定化

問題 5・2　ベンズアルデヒドの安定性を共鳴で説明せよ.

　ここでみた平衡定数に対するカルボニル化合物の構造の影響は，求核付加反応における反応性（反応速度）にもみられる.

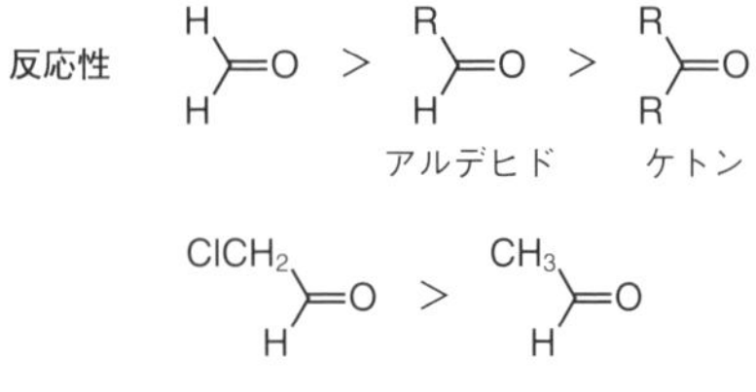

5・1・4 アルコールの付加

アルコール ROH も H₂O と同じように塩基あるいは酸の触媒作用を受けて反応する．付加物は**ヘミアセタール**（hemiacetal）とよばれる．

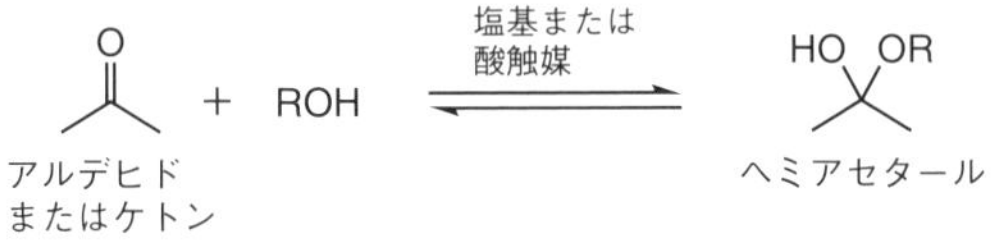

例題 5・1　酸性条件でアルデヒドにアルコール 1 分子が付加する反応の機構を巻矢印で表せ．

解答　反応はアルコール中で行われるものと考えると，最後に H⁺ は溶媒の ROH と結合する．

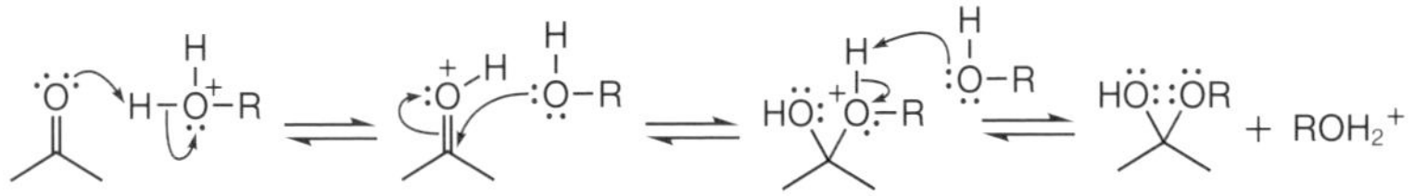

問題 5・3　塩基性条件でアルデヒドにアルコールが付加する反応の機構を巻矢印で表せ．

　酸性条件でアルコールが過剰にあると反応はさらに進んで，**アセタール**（acetal）が生成する（アセタール化）．

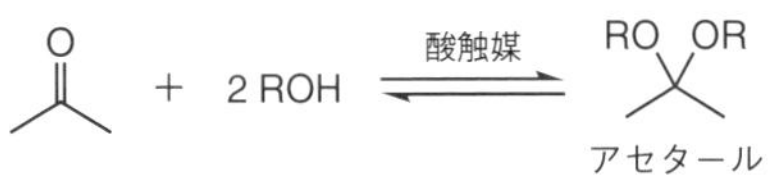

酸触媒によってヘミアセタールからアセタールが生成する反応は，次に示すように進む．全過程は可逆なので，アルコール中で反応して平衡を偏らせ，最後に塩基で

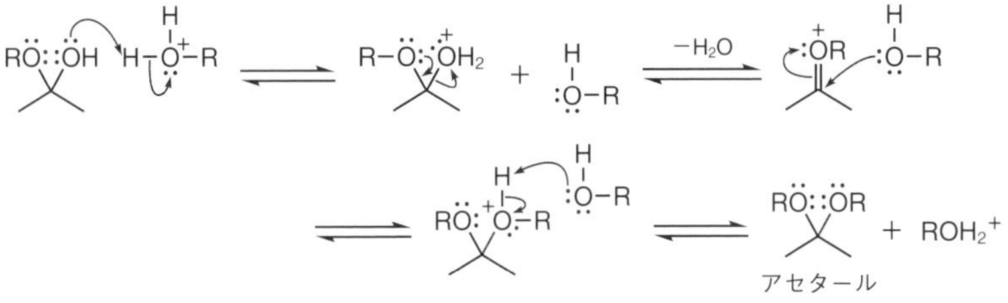

一気に中和して生成物を取出す.

問題 5・4　アセタールは塩基性条件では安定であるが，酸性水溶液中では速やかに加水分解される．アセタール化が可逆であることに注目してアセタールの酸触媒加水分解の反応機構を巻矢印で表せ.

問題 5・5　次の組合わせの酸触媒反応で生成するアセタールの構造を示せ．アルコールの硫黄類似体であるチオールも同じようにチオアセタールを生成する.

(a)
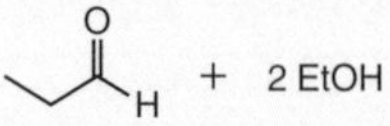
O
H
+　2 EtOH

(b)
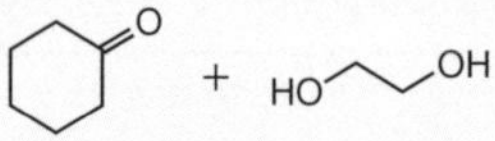
O
+
HO
OH

(c)
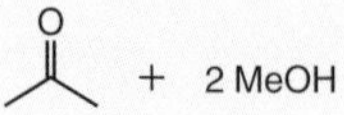
O
+　2 MeOH

(d)
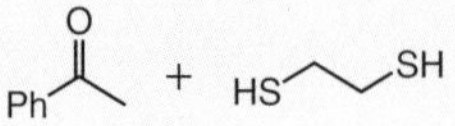
O
Ph
+
HS
SH

例題 5・2　次の環状アセタールが生成する反応の機構を巻矢印で表せ.

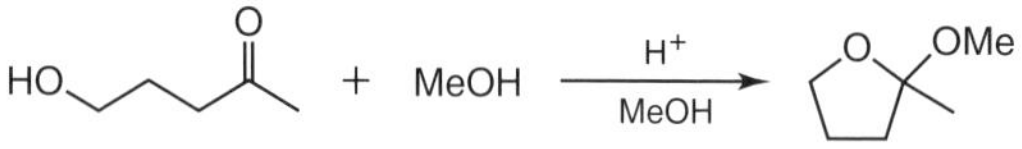
HO
O
+　MeOH
H+
MeOH
O
OMe

解答　まず，環状ヘミアセタールが生成し，ついで OH が OMe に置き換わる.

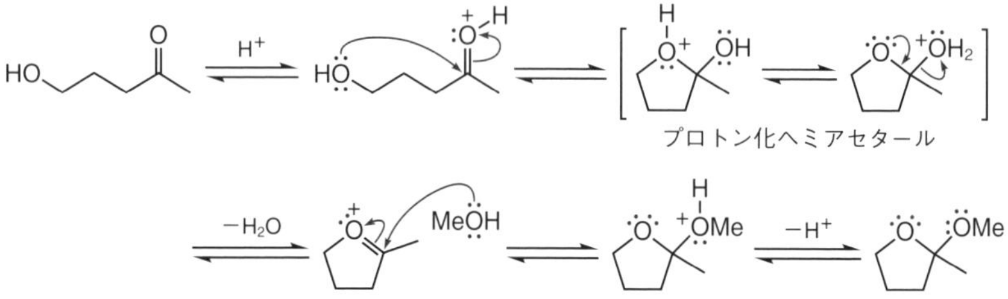
HO
O
H+
HO
+O-H
H
O+
OH
O
+OH2
プロトン化ヘミアセタール
−H2O
O+
MeOH
O
H
+OMe
−H+
O
OMe

5・2 シアノヒドリンの生成反応

メトキシドや水酸化物イオンに匹敵する求核種としてシアン化物イオン CN^- がある．CN^- はアルデヒドやケトンに付加して**シアノヒドリン**（cyanohydrin）を生成する．しかし，付加物アニオンは逆反応を起こしやすく，平衡が付加物に偏らな

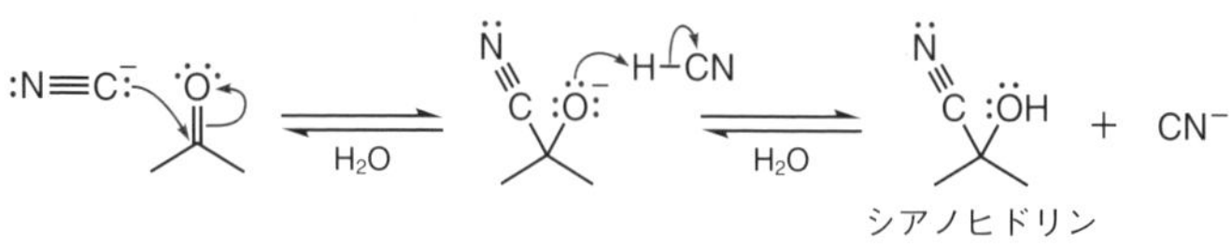
:N≡C:−
O
H2O
N
C
O−
H−CN
H2O
N
C
OH
+　CN−
シアノヒドリン

いので，酸を適量加える必要がある．HCN の pK_a は 9.1 であり，pH 約 9 の水溶液中で反応すると，CN^- と HCN が共存するので反応がスムーズに進む．CN^- は炭素求核種として反応する．

問題 5・6 シアノヒドリン生成の逆反応の機構を巻矢印で表せ．

5・3 アミンとの反応

5・3・1 イミンの生成

アミンは，求核性が十分大きいので直接カルボニル基に付加できる．第一級アミン RNH_2 は，次のように反応して C=N 二重結合をもつ**イミン**（imine）を生成する．

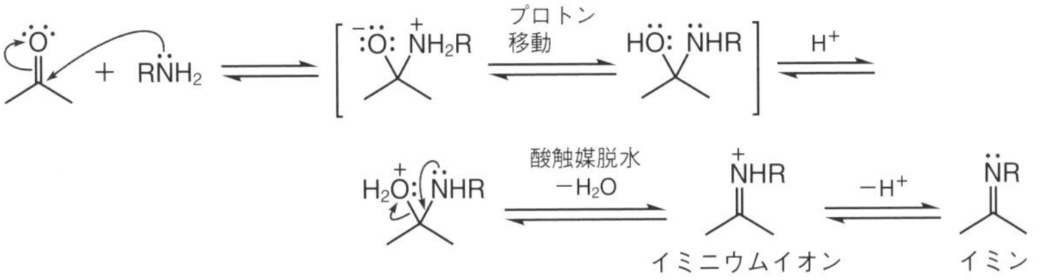

付加中間体の脱水過程では酸触媒を必要とするので，中性 pH で反応が速やかに進む．この反応ではカルボニル酸素が窒素に置き換わっている．

第一級アミンのなかでも，ヒドロキシルアミンやヒドラジンから生成したイミンはオキシムあるいはヒドラゾンとよばれ，C=N が OH や NH_2 と共役できるので安定である．

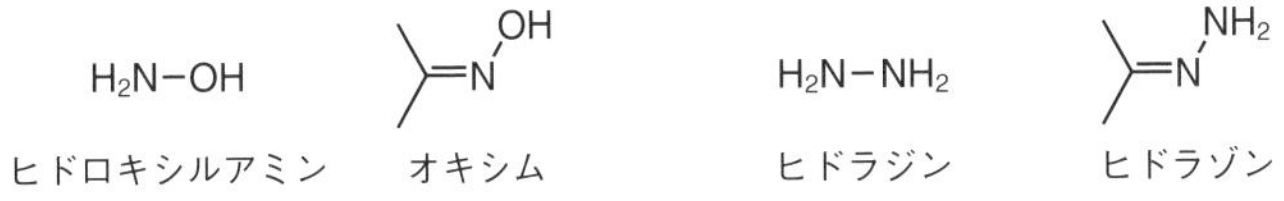

問題 5・7 イミン生成反応において，溶液が酸性や塩基性に偏ると反応が不利になるのはなぜか．

5・3・2 エナミンの生成

第二級アミン R_2NH も同じように反応するが，イミニウムイオンからの脱プロト

ンがイミン生成のときのように N からは起こり得ない．しかし，隣接炭素から脱プロトン可能ならば**エナミン**（enamine）が生成する．

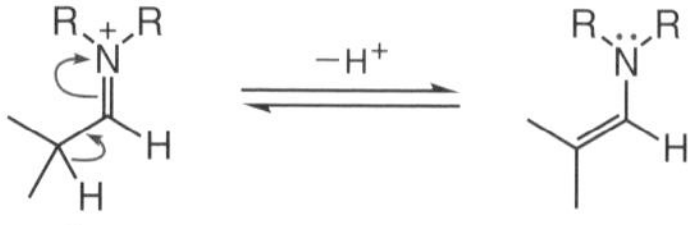

イミニウムイオン　　　　　　　　エナミン

5·4 **α,β-不飽和カルボニル化合物の反応**

α,β-不飽和カルボニル化合物は**エノン**（enone：en＋one）ともよばれ，カルボニル基と共役した C＝C 二重結合をもっている．共役のためにこの C＝C 結合は電子不足になり，求電子種として求核種の攻撃を受ける．

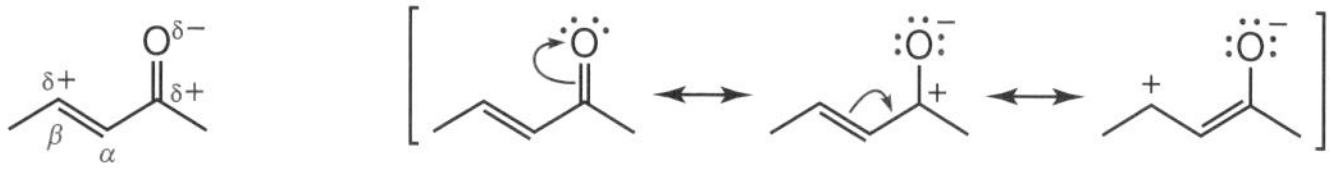

α,β-不飽和カルボニル化合物
（エノン）　　　　　　　　　　エノンの共鳴

5·4·1　共役付加とカルボニル付加

上に示したようにエノンの β 炭素は，電子不足になっているので，求核攻撃を受ける．この反応は，図 5·4 に示すようにカルボニル基の影響を受けて 1,4-付加の形で反応するので**共役付加**（conjugate addition）とよばれるが，（ケト化して）結果的に，単に C＝C 二重結合だけに付加した生成物を与える．同時に，単純にカルボニル炭素も求核攻撃を受けて**カルボニル付加**も起こす．

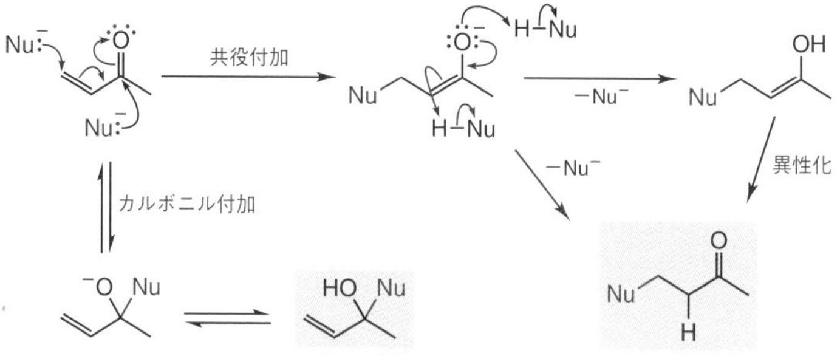

カルボニル付加物　　　　　　　　共役付加物

図 5·4　エノンへの共役付加とカルボニル付加

　一般的に共役付加のほうが起こりやすく，カルボニル付加は可逆反応になること
が多い．たとえば，シアン化物イオンの付加においてカルボニル付加によるシアノ
ヒドリン生成は可逆であるが，共役付加の逆反応が起こりにくいため，反応条件に
よって両者の比率は変化する．低温では前者が優先される（速度支配）が，温度を
上げるとより安定な共役付加物が増えてくる（熱力学支配）．共役付加物は，残って
いる C=O 結合が C=C 結合よりも強いために，より安定である．

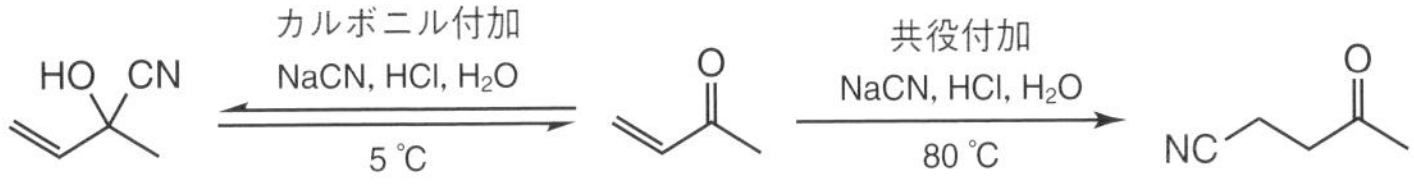

問題 5・8 エノンの一つである 3-ペンテン-2-オンの β 炭素は，どの炭素に相当する
か．炭素番号で答えよ．

例題 5・3 アルコールがエノンへ付加することも可能であるが，求核性が低いの
で酸または塩基触媒が必要になる．次の酸触媒および塩基触媒共役付加の反応機構
をそれぞれ巻矢印を用いて表せ．

解答 アルコール中の酸はプロトン化アルコールであり，塩基はアルコキシドであ
る．どちらの反応でも，最後に触媒が再生される．

酸触媒付加

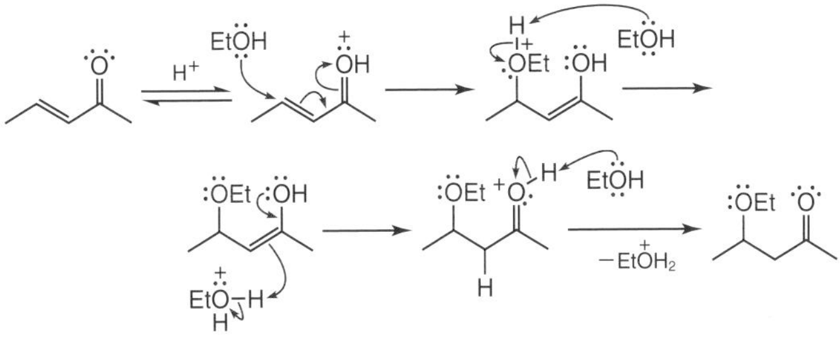

塩基触媒付加

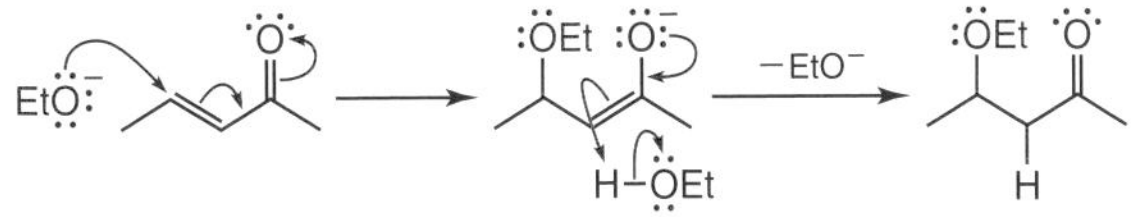

5・4・2　その他の求電子性アルケン

　エノンをアルケンとしてみれば，求電子性アルケンということができる．シアノ基やニトロ基のような電子求引基をもつ求電子性アルケンも求核攻撃を受け，共役付加と同様な反応を起こす．

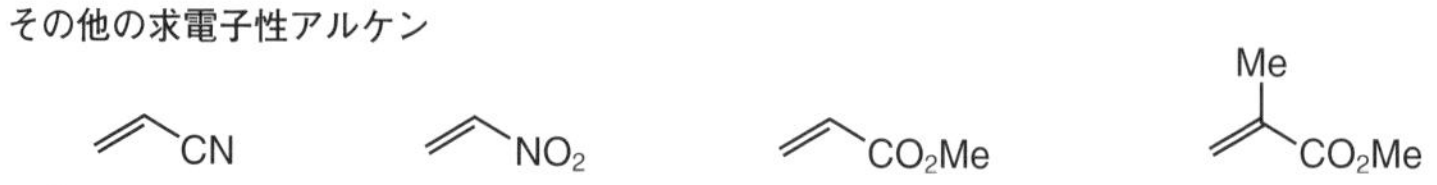

その他の求電子性アルケン

プロペンニトリル
（アクリロニトリル）

ニトロエテン

プロペン酸メチル
（アクリル酸メチル）

2-メチルプロペン酸メチル
（メタクリル酸メチル）

問題 5・9　プロペンニトリルとジエチルアミン Et_2NH の反応がどのように進むか，巻矢印で表せ．

6

飽和炭素における求核種の反応：置換反応

　ヘテロ原子基 Y（ハロゲン X，O，N など）は電気陰性であり，飽和炭素との結合は $\overset{\delta+}{C}-\overset{\delta-}{Y}$ のように分極しているので，C は求電子中心となって求核種 Nu^- の攻撃を受ける．C−Nu 結合が生成すると C−Y 結合は切れる．電気陰性な Y はアニオン Y^- として外れやすく，**脱離基**（leaving group）となる．この反応は求核種 Nu^- が脱離基 Y^- と置き換わる反応であり，**求核置換反応**（nucleophilic substitution）とよばれる．ハロアルカンを代表とする RY（R＝アルキル基）の代表的な反応の一つであり，求核種をアルキル化する反応である．

$$R-Y \ + \ Nu^- \ \xrightarrow{\text{求核置換}} \ R-Nu \ + \ Y^-$$

　　　　　　　求核種　　　　　　　　　　　　　脱離基

Y: 一般的なヘテロ原子基
X: ハロゲン
R−Y ＝ ハロアルカン(Y = X)，アルコール(Y = OH)，エーテル(Y = OR′)，
エステル($Y = OSR'$，OCR')，アミン($Y = NR'_2$)

　求核種は塩基としても作用できるので，Y の隣接炭素から脱プロトンを起こすとともに Y^- が外れれば，競争的にアルケンが生成する．この脱離反応は RY のもう一つの重要な反応であり，7 章で説明する．

6·1 S_N2 反 応

　3 章の最初の反応例としてクロロメタンと HO^- の反応（3·1）をみた．この反応は単純に求核種の HO^- が脱離基の Cl の反対側から式（3·1a）のように反応すると述べた．クロロメタンは求電子種として反応している．

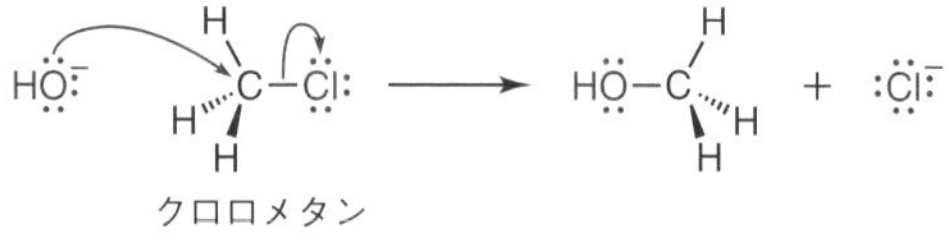

$$\text{(3・1a)}$$

クロロメタン

6・1・1　反 応 機 構

上のような反応を一般式として書くと，図6・1のように表せる.

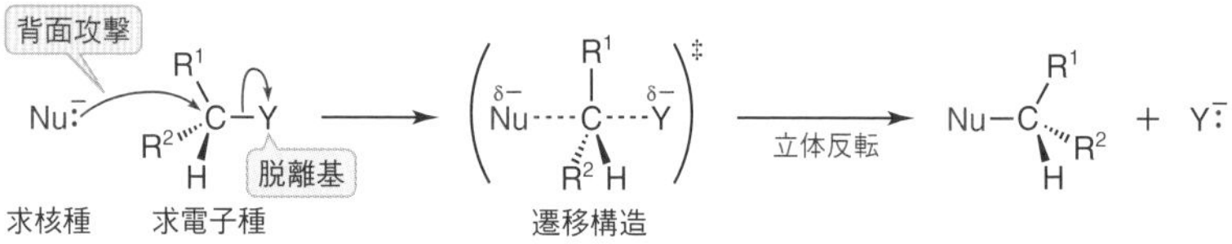

図 6・1　S_N2 反応の機構

この反応は，反応（の律速段階）に2分子が関与しているので**二分子反応**（bimolecular reaction）であり，**二分子求核置換反応**（bimolecular nucleophilic substitution）の頭文字をとって**S_N2反応**とよばれる．反応速度はRYとNu$^-$の両方の濃度に依存するので，**二次反応**（second-order reaction）である.

$$反応速度 = k_2[\text{RY}][\text{Nu}^-]$$

S_N2反応は中間体をもたない一段階反応であり，求核種の背面攻撃で進み，立体反転を起こす． これらの結果は，反応の立体化学や反応性に関する実験結果，さらに理論的考察によって支持されている.

6・1・2　立 体 化 学

飽和炭素における反応の立体化学を調べるためには，出発物にエナンチオマーが使われる．キラルなハロアルカンとして2-ブロモオクタンを用いて水酸化物イオンとの反応が調べられ，RエナンチオマーからS体のアルコールが得られることが確かめられた．すなわち，反応は立体反転で進んでいる.

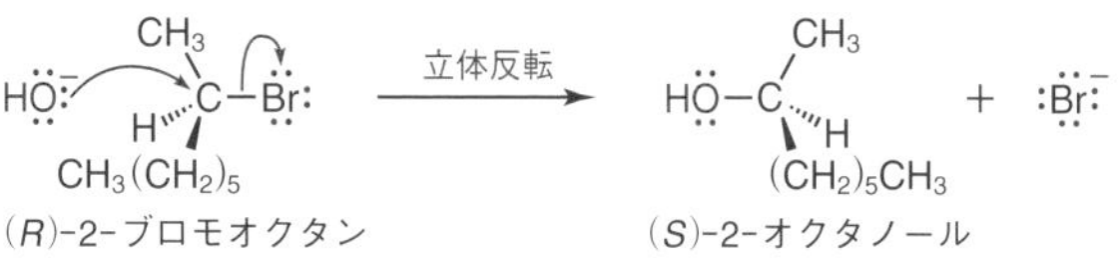

(R)-2-ブロモオクタン　　　　　　　　　　(S)-2-オクタノール

例題 6・1 (*R*)-2-ブロモオクタンとヨウ化物イオンの反応生成物に水酸化物イオンを反応させて得られる置換生成物は何か．立体化学とともに示せ．

解答 2回の S_N2 反応により立体反転が2度起きた結果，立体保持生成物が得られる．

(*R*)-2-ブロモオクタン   (*S*)-2-ヨードオクタン   (*R*)-2-オクタノール
全体として立体保持

問題 6・1 *trans*-3-ブロモシクロペンタノールを水溶液中で水酸化物イオンと反応させたとき得られる置換生成物は何か．反応式を書いて説明せよ．

6・1・3 反 応 性

S_N2 反応は，反応速度が反応基質と求核種のそれぞれの濃度に比例する二次反応である．したがって，反応性は RY のアルキル基 R と脱離基 Y，そして求核種 Nu^- の構造に依存する．おもに R の構造からくる求核攻撃に対する立体障害と Y の脱離能および Nu^- の反応性（求核性）が問題になる．

RY の反応性は次に示すように**立体障害**が大きくなるとともに減少し，第三級アルキル化合物は実質的に S_N2 反応を起こさない．

S_N2 反応性   メチル   第一級   第二級   第三級（反応しない）

Y^- の**脱離能**（leaving ability）は，HY の酸性度が高いほど大きいと考えてよい．強酸の共役塩基はいずれも大きい脱離能をもつ．

優れた脱離基 I^-，Br^-，Cl^-，RSO_3^-，H_2O

ハロゲン化物イオンの脱離能は $I^- > Br^- > Cl^- \gg F^-$ となり，F^- はほとんど脱離能をもたない．HO^- や RO^- の脱離能も非常に小さい．

求核種の**求核性**（nucleophilicity）は，求核中心が同じ周期の元素であれば塩基性が強いほど高い（塩基性は H^+ に対する平衡における親和性を表しているが，求核性は C に対する速度論的親和性を表している）．求核性の一般的序列は次のように

なる.

　　　求核性　　RS⁻, CN⁻, I⁻ > RO⁻, HO⁻ > Br⁻, NH₃, RNH₂, N₃⁻
　　　　　　　　　　　　　　　> Cl⁻ > RCO₂⁻ > F⁻ > H₂O, ROH

しかし，同じ族の元素の場合には高周期のものほど求核性が高い. 大きい原子は電子の広がりが大きく（分極率が大きく），炭素の軌道と遠くから重なり合うことができるからである. 一方，立体障害は求核性を低くする.

> **問題 6・2**　ブロモブタンのすべての構造異性体を示し，S_N2 反応における反応性の順に並べよ.

6・1・4　溶 媒 効 果

　有機反応の反応式には溶媒が書かれていないことも多いが，反応は通常溶液中で行うので溶媒の影響を受ける. 反応物の極性が反応中に変化していくので，溶媒の極性が反応に影響する. 溶媒については §1・6・2 でも概略を述べたが，ここで，S_N2 反応を例にとって，反応に対する溶媒効果を考えてみよう.

　求核種はアニオンであることが多く，ふつう非共有電子対をもっているので水素結合で溶媒和され安定化される. そのような安定化ができず，イオン種を溶解できる溶媒として非プロトン性極性溶媒を用いると，求核性が抑制されず，求核種の反応性（求核性）が増大する. すなわち，**S_N2 反応は非プロトン性極性溶媒中で効率よく反応する.**

　もっと一般的に，反応の速度は反応原系（反応物）と遷移状態 TS のエネルギー差で決まるので，反応に対する溶媒効果は反応物と TS の極性に基づいて考察することができる. すなわち，反応物から TS にいくにつれて，(a) 極性が大きくなる場合

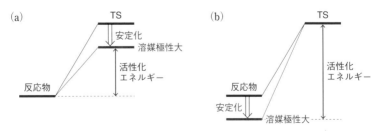

図 6・2　**反応速度に対する極性溶媒の効果.** (a) TS で極性が大きくなる場合. (b) 反応物の極性が TS で失われる場合.

には溶媒極性が増大するにつれて反応は加速されるが，(b) 逆に極性が減少する場合には，極性溶媒によって反応物のほうがより強く安定化されているので，無極性溶媒のほうが反応は速い（図6・2）.

電荷をもたない RY の S_N2 反応で求核種がアニオンである場合には，負電荷が TS で分散される〔式(6・1)〕ので，溶媒極性が大きくなると反応は遅くなる.

$$HO^- + RY \longrightarrow \left(\overset{\delta-}{HO}\cdots R\cdots \overset{\delta-}{Y}\right)^{\ddagger} \longrightarrow HOR + Y^- \quad (6\cdot1)$$

アニオン性　　　　　　　　　　電荷の分散
求核種

しかし，電荷をもたない求核種との反応においては，式(6・2) に示すように電荷分離が起こってくるので，溶媒極性が大きいほど反応は速くなる.

$$H_3N + RY \longrightarrow \left(\overset{\delta+}{H_3N}\cdots R\cdots \overset{\delta-}{Y}\right)^{\ddagger} \longrightarrow H_3\overset{+}{N}R + Y^- \quad (6\cdot2)$$

電荷をもたない　　　　　　　　電荷分離
求核種

問題 6・3　次の二つの S_N2 反応における溶媒効果について，その理由を説明せよ.
(a) トリメチルスルホニウムイオンと RO^- (R＝H または Et) の反応は，溶媒を H_2O から EtOH に変えると約 20,000 倍速くなる.

$$CH_3\overset{+}{S}(CH_3)_2 + RO^- \longrightarrow CH_3OR + (CH_3)_2S$$

(b) ヨードメタンの同じような反応では，溶媒を H_2O から EtOH に変えてもあまり速くならない.

$$CH_3I + RO^- \longrightarrow CH_3OR + I^-$$

問題 6・4　CH_3C≡C^- Na^+ と CH_3I を THF 中で反応させると，どのように反応するか. 同じ反応を H_2O 中で行うとどうなるか.

6・1・5 軌道相互作用

S_N2 反応が求核種の背面攻撃で進む（図6・1）とき，求核種の非共有電子対（HOMO）と RY の LUMO の相互作用が重要になる（§3・4参照）. その軌道相互作

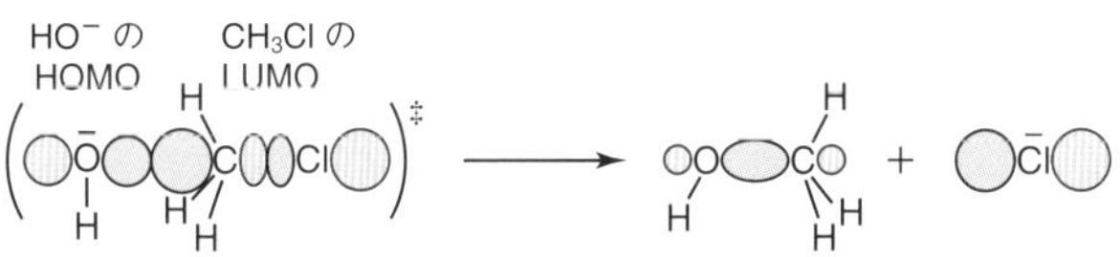

図 6・3　CH_3Cl と HO^- の S_N2 反応(3・1a)における HOMO-LUMO 相互作用

用の様子を CH_3Cl と HO^- の反応($3\cdot1a$) についてみると，図$6\cdot3$のようになる．

CH_3Cl の C–Cl 結合の反結合性 σ^* 軌道が LUMO になっており，メチル基の後ろ側に軌道が広がっている．そのローブに対して HO^- の HOMO が相互作用するように背面から近づいてくる形になっている．

$\boxed{6\cdot2}$ S_N1 反 応

§$6\cdot1$で第三級アルキル化合物は S_N2 反応を起こさないとした．一方，第三級アルキル塩化物の 2-クロロ-2-メチルプロパン（塩化 t-ブチル）がヘテロリシス〔反応($6\cdot3$)〕を起こすことを§$3\cdot2$で述べた〔反応($3\cdot8$)〕．生じたカルボカチオンは求電子種として求核種と容易に結合反応($6\cdot4$)を起こす．全反応は置換になる．

$$Me-\underset{\underset{\displaystyle Me}{|}}{\overset{\overset{\displaystyle Me}{|}}{C}}-\ddot{\underset{..}{Cl}}: \xrightarrow{\text{ヘテロリシス}} Me-\overset{+}{\underset{\displaystyle Me}{C}} \quad + \quad :\ddot{\underset{..}{Cl}}^{\bar{}} \qquad (6\cdot3)$$

$$\underset{Me}{\overset{Me}{\overset{+}{C}}} + :\overset{H}{\underset{H}{\ddot{O}}} \xrightarrow{\text{速い}} Me-\underset{\underset{\displaystyle Me}{|}}{\overset{\overset{\displaystyle Me}{|}}{C}}-\ddot{\underset{..}{O}}H + H^+ \qquad (6\cdot4)$$

$$\text{求電子種}\text{求核種}$$

6·2·1 反 応 機 構

上のような2段階で起こる置換反応の速度は反応基質の濃度だけに依存する．一般式で書くと，反応($6\cdot5a$) と反応($6\cdot5b$)のような二段階反応になり，反応速度は式($6\cdot5c$) で表せる．

$$S_N1\ \text{反応} \quad R-Y \xrightarrow{\text{律速}} R^+ \quad + \quad :Y^- \qquad (6\cdot5a)$$
$$\underset{\substack{\text{カルボカチオン} \\ \text{中間体}}}{}$$

$$R^+ \quad + \quad :Nu^- \xrightarrow{\text{速い}} R-Nu \qquad (6\cdot5b)$$

$$\text{反応速度} = k_1[RY] \qquad (6\cdot5c)$$

このような反応では第1段階が律速であり，律速段階に RY が1分子だけが含まれる**単分子反応**（unimolecular reaction，一分子反応ということもある）で，**一次反応**である．この**単分子求核置換反応**は S_N1 **反応**と略称される．**カルボカチオン中間**

体を経る**二段階反応**であることがS$_N$1反応の特徴である.

6・2・2 立体化学と反応性

律速段階で**カルボカチオン**を生成することが,S$_N$1反応の立体化学とRYの反応性に深くかかわっている.

カルボカチオンは平面構造をもつのでアキラルであり,求核攻撃は面の両側から起こり得る(図6・4)ので反応中に**ラセミ化**(racemization)が起こる(ただし,脱離基Y$^-$が対アニオンになり,求核攻撃を妨害する場合には反転が優勢になる).

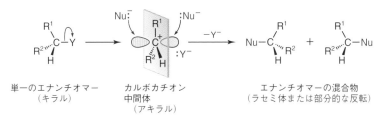

単一のエナンチオマー　　カルボカチオン　　　　　エナンチオマーの混合物
（キラル）　　　　　　　中間体　　　　　　　（ラセミ体または部分的な反転）
　　　　　　　　　　　（アキラル）

図 6・4 S$_N$1反応におけるラセミ化

RYの反応性は,最初にカルボカチオンが生成しやすいほど高い.すなわち,**Y$^-$の脱離能が大きく,カルボカチオンR$^+$が安定であるほど反応性は高い.**

Y$^-$の脱離能はS$_N$2反応にも影響するので,§6・1・3でみた.R−Y結合が弱く,HYの酸性が強いほどY$^-$の脱離能は大きい.

カルボカチオンの安定性については§2・5でも述べたが,§4・1・3にまとめた.アルキルカチオンの安定性は第三級＞第二級＞第一級の順に減少し,この順にS$_N$1反応性は低くなる.**第一級アルキル化合物はS$_N$1反応を起こさないと考えてよい.**すなわち,S$_N$1反応性は第三級＞第二級≫第一級アルキル化合物の順であり,S$_N$2反応性とは逆になる.

第三級カルボカチオンが生成しやすいのは,カチオンが安定であるからだけではなく,立体的な要因もある.第三級アルキル化合物からカルボカチオンが生成する

図 6・5 S$_N$1反応における立体ひずみの解消

とき，中心炭素は sp^3 混成から sp^2 混成になる（図 6・5）．このとき結合角が約 $109.5°$ から $120°$ になるので，炭素の置換基どうしの込み合いが解消される．この**立体ひずみの解消**は S_N1 反応の加速に寄与している[*]．

カルボカチオンは共役によっても安定化される（§4・1・3）ので，対応する RY の反応性は高い．

例題 6・2　次の反応が速やかに進む理由を，反応機構を書いて説明せよ．

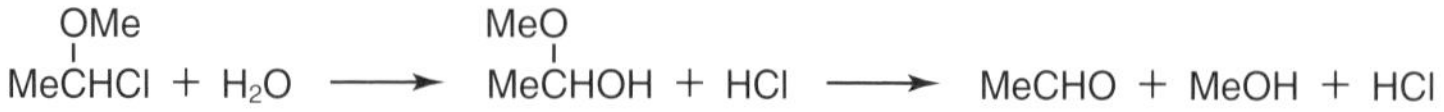

解答　反応中間体となるメトキシカルボカチオンは，反応式に示すようにオキソニウムイオン構造で表すこともできる安定なカチオンである．したがって，その生成が律速となる S_N1 反応として速やかに進む．最初の生成物はヘミアセタールである．

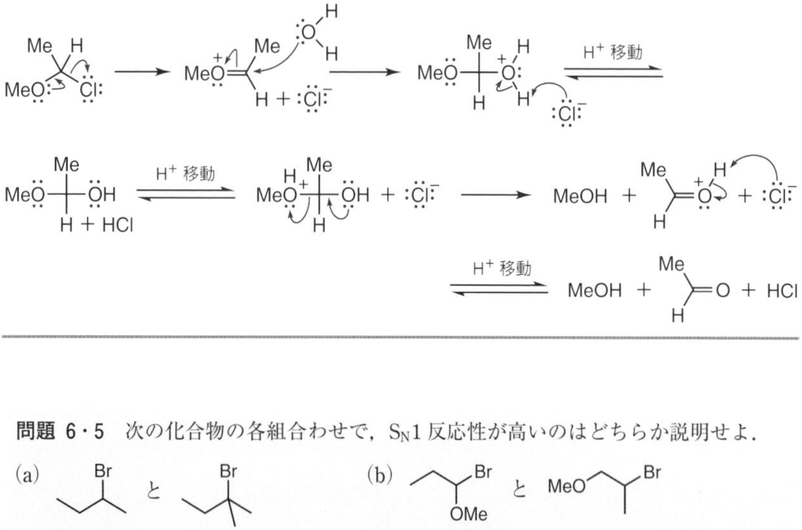

問題 6・5　次の化合物の各組合わせで，S_N1 反応性が高いのはどちらか説明せよ．

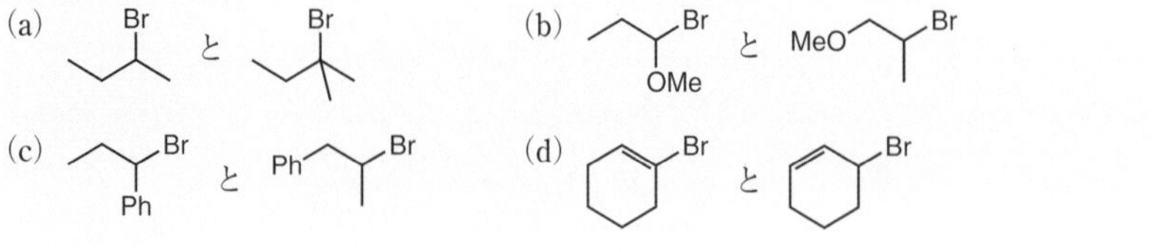

---

[*]　これはカルボニル基への求核付加の際に生じる立体ひずみと逆の現象である（§5・1・3参照）．

6・2・3 S_N1 反応と S_N2 反応の競合

通常，第一級アルキル化合物は S_N1 反応を起こさず，第三級アルキル化合物は S_N2 反応を起こさないが，第二級アルキル化合物は S_N1 反応と S_N2 反応を競合して起こすことが多い．求核種の反応性が高ければ S_N2 反応を起こしやすいが，求核性が低いと S_N1 反応になる．水，アルコール，カルボン酸などの低いながらも求核性をもつ溶媒中で反応すると，溶媒を求核種とする置換反応（S_N1 機構のことが多い）が起こる．このような反応は一般的に**加溶媒分解**（solvolysis，水の場合は加水分解）とよばれる．

問題 6・6　次の反応の機構を予想し，主生成物の構造をその立体化学とともに示せ．

(a)

+ MeOH　$\xrightarrow{\text{MeOH}}$

(b)

+ NaOH　$\xrightarrow{\text{H}_2\text{O}}$

(c)

+ HCO$_2$H　$\xrightarrow{\text{HCO}_2\text{H}}$

(d)

+ NaCN　$\xrightarrow{\text{Me}_2\text{CO}}$

問題 6・7　カルボカチオンと水分子の反応を反応(6・4)に示したが，このルイス酸塩基反応は，ブレンステッド酸塩基反応を伴う段階的な反応として起こる．反応(6・4)を二段階反応として巻矢印で表せ．

6・3 アルコールとエーテルの反応

酸素脱離基をもつ RY はアルコールとその誘導体とみなせる．アルコールとエーテルの Y = OH と OR は脱離能が小さく（HY の pK_a 約 16），通常は HO$^-$ あるいは RO$^-$ アニオンが脱離する反応はみられない．しかし，酸触媒によって Y = OH$_2^+$ あるいは ORH$^+$（H$_3$O$^+$ の pK_a 約 -2）になると，脱離するようになり酸触媒反応が進む．また，強酸のエステルに変換するとスルホン酸エステル（Y = OSO$_2$R，RSO$_3$H の pK_a -2 以下）のように置換反応を起こしやすくなる．

6・3・1 酸触媒反応

アルコールに硫酸などの強酸を少量作用させると，アルコール自身による置換とともに脱離が起こる．すなわち，エーテルやアルケンが生成する．一方，§6・3・2で解説するが，酸としてハロゲン化水素 HX を使うと X⁻ による置換が起こる．

$$R-OH \underset{}{\overset{H_2SO_4 \text{触媒}}{\rightleftharpoons}} R-\overset{+}{OH_2} \quad \overset{ROH}{\longrightarrow} R-OR + H_2O$$

たとえば，エタノールの場合，反応温度が高いほど脱離（脱水反応）が起こりやすい．

$$CH_3CH_2OH \overset{H_2SO_4 \text{触媒}}{\longrightarrow} \begin{cases} \overset{CH_3CH_2OH}{\underset{130\,^\circ C}{\longrightarrow}} CH_3CH_2OCH_2CH_3 + H_2O \quad \text{エーテル} \\ \underset{170\,^\circ C}{\longrightarrow} H_2C=CH_2 + H_2O \quad \text{アルケン} \end{cases}$$

アルコール自身による反応は加溶媒分解にほかならず，求核性の低い酸性条件でもあるので S_N1 機構が起こりやすい条件であることにも注意しよう（第一級アルコールの反応性は低い）．

6・3・2 ハロゲン化水素との反応

ハロゲン化水素 HX は HF を除いて強酸であり，たとえば濃塩酸でも完全に解離していると考えてよい．すなわち，水溶液中の化学種は $H_3O^+ X^-$ と表すのがよい．X^- の塩基性は非常に弱いが，求核性はかなり高い．その結果，求核置換反応がプロトン化によって促進され，アルコールやエーテルからハロアルカンが生成する．第三級と第二級アルコールの反応は S_N1 機構で進む〔例：反応(6・6)〕が，第一級

2-プロパノール
（第二級）
2-ブロモプロパン

$$(6・6)$$

1-ブタノール
（第一級）
1-ヨードブタン

$$(6・7)$$

アルコールは S_N2 機構〔例: 反応(6・7)〕で反応する.

非対称のエーテルでは S_N1 反応性の高いアルキル基側で C–O 結合切断を起こす傾向がある.

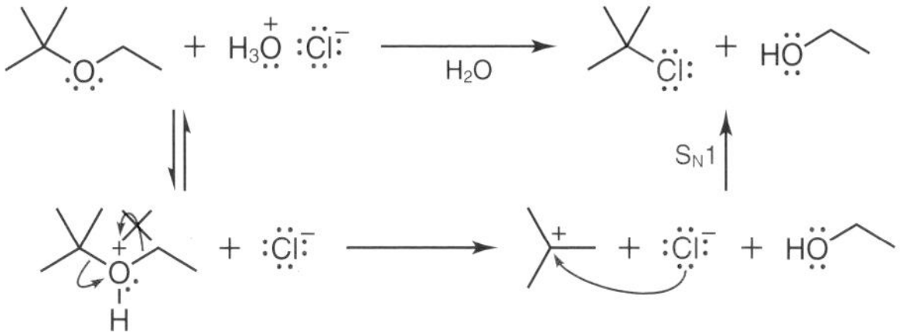

しかし, ハロゲン化物イオンがその高い求核性を発揮して S_N2 反応を優先的に起こすこともある. 次の例では第二級アルキル側の S_N1 反応よりも, 第一級アルキル側に I^- による S_N2 反応が起こる.

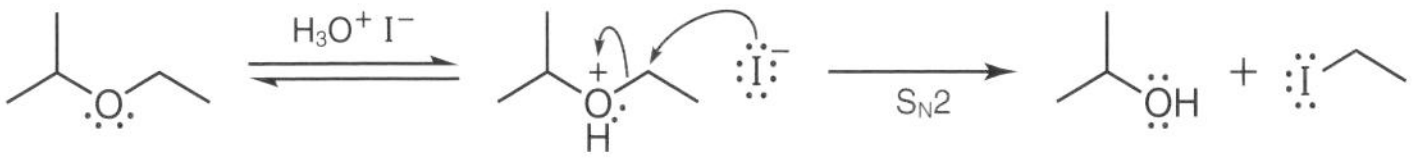

6・3・3 OH 脱離基の変換

強酸の共役塩基が大きい脱離能をもつことを§6・1・3で述べた. したがって, アルコールを強酸のエステルに変換すれば, 脱離基は強酸の共役塩基アニオンになる. このような目的で強酸としてよく使われるのがスルホン酸である. すなわち, アルコールをスルホン酸エステルに変換すると, 脱離基はスルホナートイオンになる. このエステルはハロアルカンと同じように求核置換や脱離反応を起こす. エステルへの変換は, 第三級アミンのピリジンのような塩基を使って酸塩化物と反応させることによって行う.

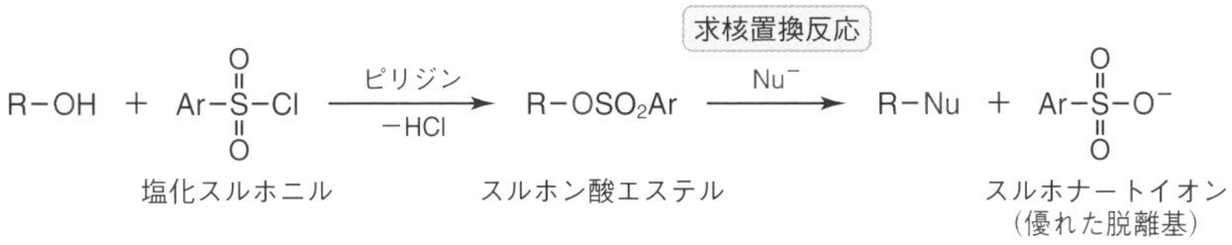

アルコールをハロアルカンに変換するための一般的手法として知られている次のような反応も, 強酸のエステルを中間体としているものと考えられる. この方法は次節で述べる転位の問題を避けて第一級のハロアルカンを合成する手法になっている.

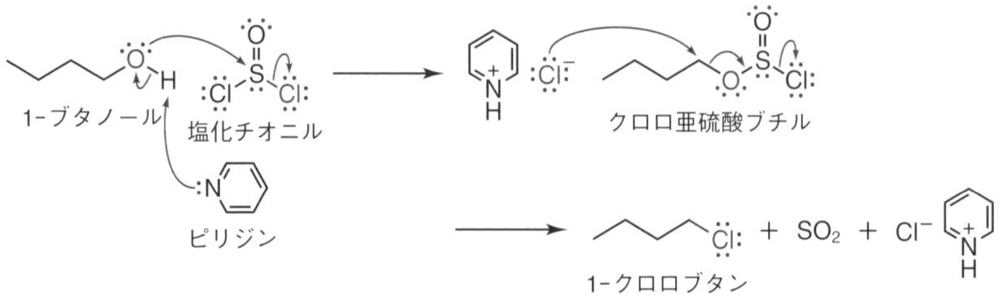
1-ブタノール
塩化チオニル
ピリジン
クロロ亜硫酸ブチル
1-クロロブタン

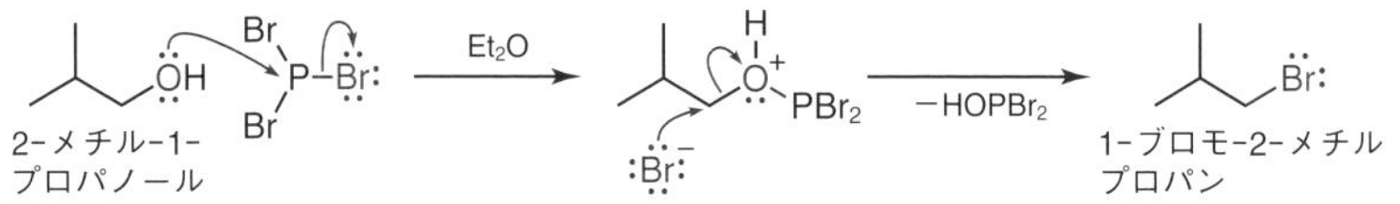
Et₂O
−HOPBr₂
2-メチル-1-プロパノール
1-ブロモ-2-メチルプロパン

6・4 カルボカチオンの転位

不安定な反応中間体のカルボカチオンは，隣接炭素から水素やアルキル基が移動してより安定なカルボカチオンになることが多い．たとえば，次の反応例では，第二級アルコールから生成したカルボカチオンが1,2-水素移動で第三級カルボカチオンに転位し，置換生成物を与える．このような **1,2-転位**（1,2-rearrangement）はカルボカチオン中間体に一般的なものである*.

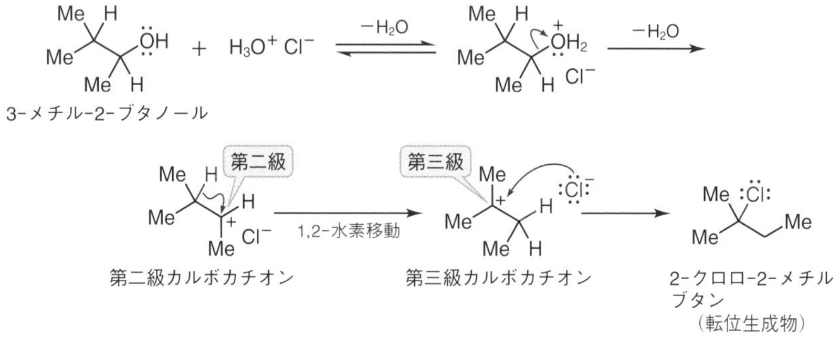
3-メチル-2-ブタノール
−H₂O
−H₂O
第二級
第三級
1,2-水素移動
第二級カルボカチオン
第三級カルボカチオン
2-クロロ-2-メチルブタン
（転位生成物）

第一級カルボカチオンは不安定で生成しないが，生成過程で電子不足なっていくCに1,2-移動を起こし，より安定なカチオンを生成して反応が進む.

* アルキル基や水素の1,2-移動は結合電子対をもって移動するので，そのことを示すためにS字形の巻矢印で電子対の移動を表す．1,2-水素移動は1,2-ヒドリド移動ともいわれる.

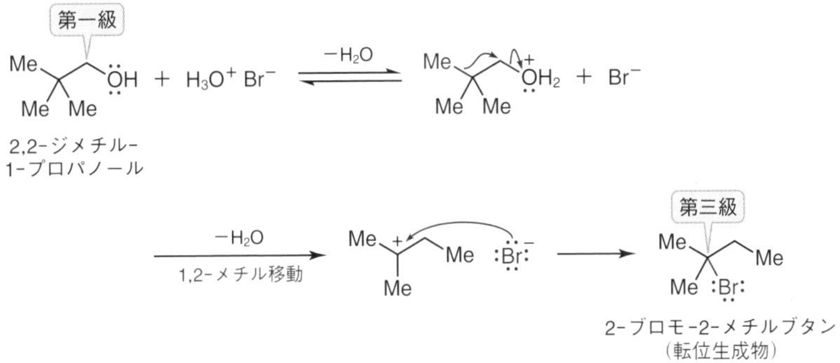

2,2-ジメチル-
1-プロパノール

1,2-メチル移動

2-ブロモ-2-メチルブタン
（転位生成物）

問題 6·8　次のアルケンに HCl 付加を行うと，反応式に示すように転位生成物が得られる．この結果を説明せよ．

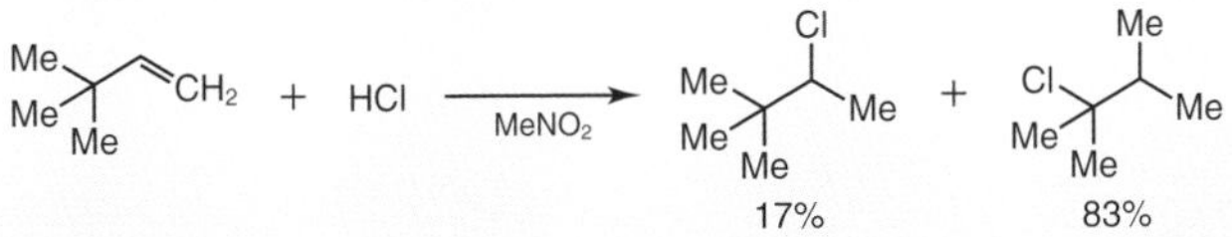

17%　　　　83%

　ピナコールとよばれるジオールは，酸性条件でケトンに転位する．アルコールからカルボカチオンが生成すると，1,2-メチル移動により OH で安定化されたカチオン（オキソニウムイオン）に転位する．ついで，脱プロトンしてケトンになる．

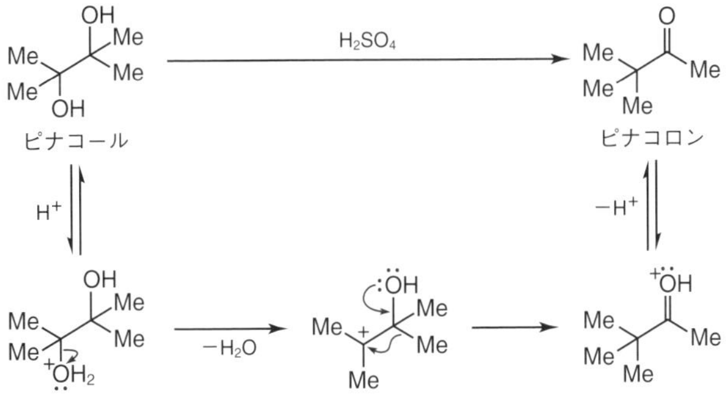

ピナコール

ピナコロン

例題 6·3　次のジオールを酸性条件で転位させるとアルデヒドが生成するが，スルホン酸エステルに変換してから，酸を加えないで転位させるとケトンが生成する．この違いを反応機構から説明せよ．

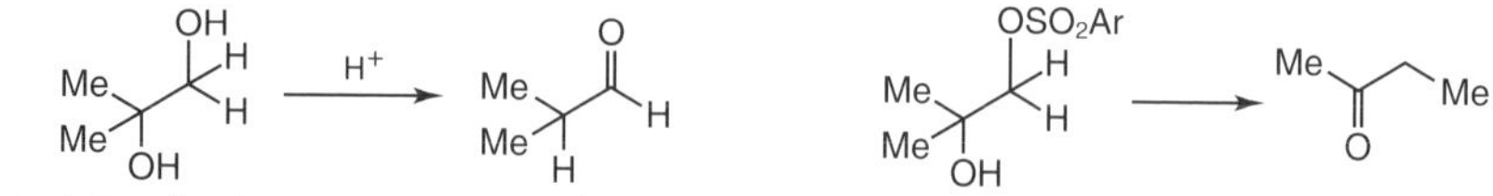

2-メチルプロパン-　　　　　　アルデヒド　　　　　　スルホン酸エステル　　　　ケトン
1,2-ジオール

解答　酸性条件では，酸触媒により安定な第三級カルボカチオンを生成し，オキソニウムイオンに転位すると，アルデヒドになる．

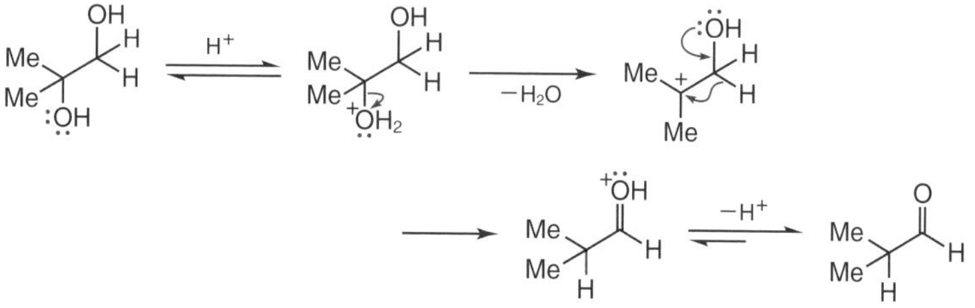

アルデヒド

　一方，スルホン酸エステルへの変換は立体障害の少ない第一級アルコール側に起こり，このエステルからは第一級カチオンの生成を避けて，スルホナートの脱離と同時にメチル移動が起こる．生成物はケトンである．

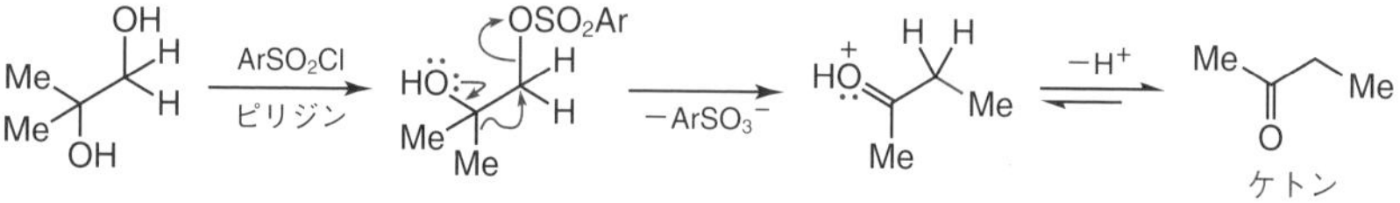

ケトン

問題 6・9　1,2-移動は電子不足のヘテロ原子へも起こる．次に示すベックマン（Beckmann）転位とよばれるオキシム（イミンの一つ）からアミドへの転位が，その一例である．この反応の機構を巻矢印で表せ．

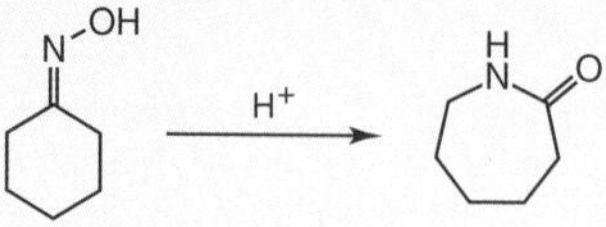

カプロラクタム
（アミド）
ナイロン6の原料

6・5　エポキシドの開環

　通常のエーテルの反応性は低く，強酸によってはじめて開裂するが，環ひずみを

もつ小員環エーテルの反応性はかなり高い．その代表は**エポキシド**（epoxide, 系統的名称はオキシラン oxirane）である．

6·5·1 酸触媒開環反応

エポキシドの開環は弱酸によって容易に起こる．O-プロトン化によって C−O 結合がゆるみ，C に正電荷が生じると求核種の攻撃によって開環する．開環は立体反転を伴って起こることから S_N2 反応機構で起こっていると結論されている．しかし，プロトン化エポキシド中間体の正電荷は置換基をもつ C に偏っていることから，求核攻撃はその炭素に起こる．そのため，反応性は S_N1 機構に似ているので誤解されやすい．

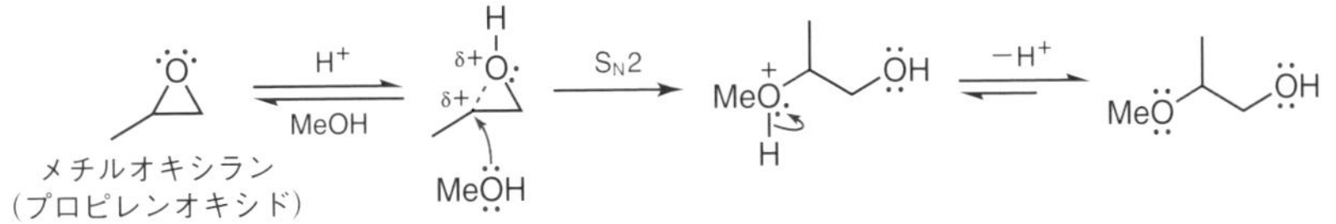

メチルオキシラン
（プロピレンオキシド）

6·5·2 塩基触媒開環反応

ふつうのエーテルと違って，環ひずみのために，エポキシドは触媒がなくても強い求核種の攻撃で開環する．しかし，弱い求核種の場合には塩基触媒が必要になる．水やアルコール中における塩基触媒開環反応では，溶媒から生じた HO^- や RO^- が S_N2 反応を起こす．求核種は置換基の少ない炭素を攻撃して C−O 開裂を起こす．酸触媒開裂の場合とは開裂の位置が異なることに注意しよう．

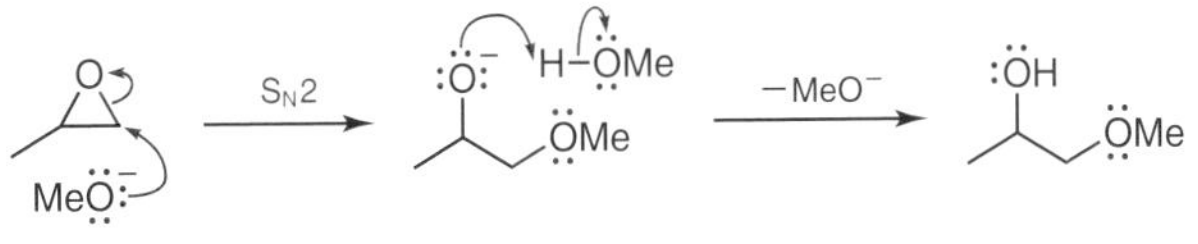

問題 6·10　メチルオキシランの酸触媒加水分解の反応機構を巻矢印で表せ．

6·6 アミンの反応

アミンの窒素脱離基 $Y = NH_2$（NH_3 の pK_a 約 35）は OH よりもさらに脱離しにくく，プロトン化されても十分な脱離能をもたないといってよい（NH_4^+ の pK_a 約 9）．しかし，第一級アミンを亜硝酸と反応させると，次のように反応して NH_2 が脱

離しやすいジアゾニオ(N_2^+)基になる.

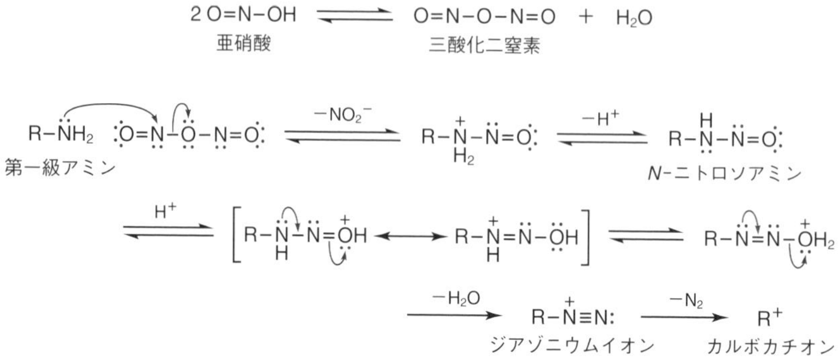

$$2\,O=N-OH \;\rightleftharpoons\; O=N-O-N=O \;+\; H_2O$$
　　　　　　亜硝酸　　　　　　　三酸化二窒素

第一級アミン　　　　　　　　　　　　　　　　　　　　　　　　　　　　　　N-ニトロソアミン

ジアゾニウムイオン　　　　　カルボカチオン

このジアゾ化反応では，亜硝酸と平衡的に存在する三酸化二窒素がアミンと反応して N-ニトロソアミン，さらにジアゾニウムイオンを与える．ジアゾニウムイオンからは N_2 が気体として脱離し，カルボカチオンを生成して分解する．芳香族カチオンは不安定で生成しにくいので芳香族ジアゾニウム塩は低温では安定であるが，アルカンジアゾニウムイオンは直ちに分解する．

例題 6・4　次のようなキラルなアルキル基をもつアミンをジアゾ化すると立体配置を保持した転位生成物が得られる．この反応で生成するジアゾニウムイオンの脱離反応の機構を巻矢印で表せ．転位過程における立体化学についても説明せよ．

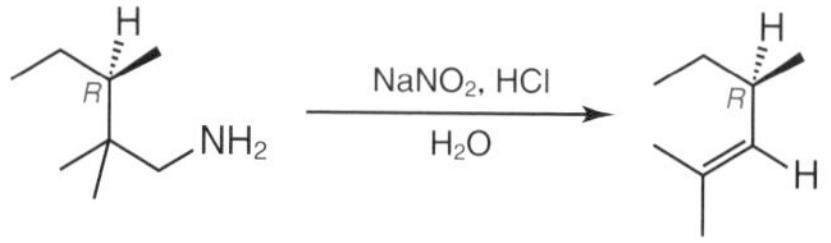

解答　ジアゾ化で得られたジアゾニウムイオンは，不安定な第一級カルボカチオンを経ることなく，N_2 脱離基の切断と同時に 1,2-アルキル移動を起こす．この過程でアルキル基の立体化学が保持されることは，同じ面から移動が起こることを示している．遷移構造は 3 員環の形で表すことができる．

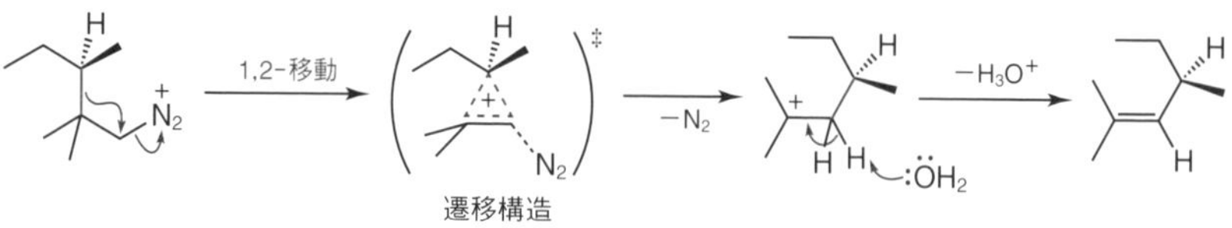

遷移構造

飽和炭素における塩基の反応：
脱離反応

　ヘテロ原子基 Y をもつ飽和化合物 RY に塩基 B が作用して，Y の隣接炭素から脱プロトンを起こすとともに Y⁻ が外れればアルケンが生成する．7 章ではこの**脱離反応**（elimination）について説明する．

$$\text{R-Y} + \underset{\text{塩基}}{\text{B}} \xrightarrow{\text{脱離反応}} \diagup\!\!\!C\!=\!C\diagdown + \text{BH}^+ + \text{Y}^-$$

6 章では RY が求核種と反応して Y⁻ と置き換わる反応をみたが，求核種は塩基としても作用できるので，脱離反応と置換反応は競争的に起こり得る．

7·1 E1 反 応

　§6·2 で第三級アルキル化合物の 2-クロロ-2-メチルプロパン（塩化 t-ブチル）が水溶液中でヘテロリシスによって t-ブチルカチオンを生成し，求核種と反応して S_N1 反応を起こすことを述べた〔反応(6·3) と反応(6·4)〕．このとき水分子が塩基として作用すればアルケンが生成する〔反応(6·3) と反応(7·1)〕．この反応では約 20% が脱離生成物になる．

$$\underset{\text{Me}}{\overset{\text{Me}}{\underset{\displaystyle}{}}}\!\!C\!\!\underset{\ddot{\text{Cl}}:}{\overset{\text{Me}}{|}} \xrightarrow{\text{ヘテロリシス}} \underset{\text{Me}}{\overset{\text{Me}}{}}\!\!\overset{+}{C}\!\!-\!\text{Me} + :\!\ddot{\text{Cl}}:^- \qquad (6\cdot3)$$

$$\underset{\text{Me}}{\overset{\text{Me}}{}}\!\overset{+}{C}\!\!-\!\!\underset{\underset{\text{酸}}{\text{H}}}{\overset{\text{H}}{\underset{|}{C}}}\!\!-\!\text{H} + \underset{\underset{\text{塩基}}{\text{H}}}{:\!\ddot{\text{O}}}\!\!-\!\text{H} \xrightarrow{\text{速い}} \underset{\text{Me}}{\overset{\text{Me}}{}}\!C\!=\!\underset{\underset{\text{アルケン}}{\text{H}}}{\overset{\text{H}}{C}} + \underset{\underset{}{\text{H}}}{\text{H}\!-\!\overset{+}{\ddot{\text{O}}}}\!\!-\!\text{H} \qquad (7\cdot1)$$

7・1・1　反　応　機　構

　この脱離反応を一般式で書けば，反応(7・2a) と反応(7・2b) のように二段階反応で表せ，弱塩基性条件（通常，加溶媒分解の条件で弱塩基は溶媒分子）で進行する.

$$R-Y \xrightarrow{\text{律速}} R^+ \quad + \quad :Y^- \qquad (7 \cdot 2a)$$

カルボカチオン
中間体

$$R^+ \quad + \quad :B \xrightarrow{\text{速い}} \diagdown\!\!=\!\!\diagup \quad + \quad BH^+ \qquad (7 \cdot 2b)$$

アルケン

$$反応速度 \ = \ k_1[RY] \qquad (7 \cdot 2c)$$

第一段階〔反応(7・2a)〕はS_N1反応と共通であり〔反応(6・5a) 参照〕，RY から**単分子反応でカルボカチオン中間体を律速的に生成する**. ついで，**弱塩基による脱プロトンによりアルケンが生成する**〔反応(7・2b)〕. この単分子脱離反応（unimolecular elimination）は **E1 反応**と略称され，一次反応である〔式(7・2c)〕.

7・1・2　位　置　選　択　性

　RY の構造によって 2 種類以上のアルケンが生成する可能性がある場合，どの位置の H が引抜かれるか選択性があり，複数のアルケンが生成するとき，その生成比を**位置選択性**（regioselectivity）という. たとえば，反応(7・3)の第三級アルキル化合物のエタノール中における反応では，S_N1 置換生成物とともに 2 種類の E1 生成物ができてくる.

2-ブロモ-2-
メチルブタン

2-エトキシ-2-
メチルブタン
64%
S_N1 生成物

3-メチル-2-ブテン
30%

3-メチル-1-ブテン
6%

E1 生成物

$$(7 \cdot 3)$$

　E1 反応では，カルボカチオン中間体からプロトンが引抜かれるとき，より安定なアルケンを生成する傾向がある. 遷移構造の安定性に生成物の安定性が反映されるからである（§3・5・4 ハモンドの仮説）. アルケンは多置換なものほど安定であり，**多置換アルケンが選択的に生成する**. この位置選択性を**ザイツェフ**（Zaitsev）則ということがある.

問題 7・1 次のハロアルカンの加溶媒分解で生成する可能性があるアルケンの構造を示し，複数可能な場合には主生成物となるアルケンを予想せよ．

(a) 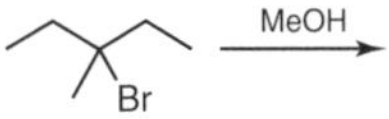
Br
MeOH

(b) 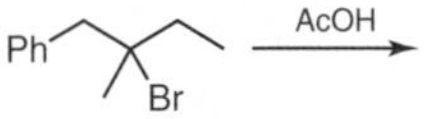
Ph
Br
AcOH

7・2 E2 反 応

弱塩基性条件では，E1 反応でカルボカチオン中間体に弱塩基が作用してアルケンを生成するが，**強塩基を加えると RY から直接プロトンを引抜いて二分子的にアルケンを生成する**．§7・1 でみた塩化 *t*-ブチルの水溶液に HO^- を加えていくと反応速度は塩基濃度 $[HO^-]$ とともに増大し，生成物はアルケンになる〔反応(7・4a)〕．反応速度は式(7・4b) のように表せ，**二次反応**である．

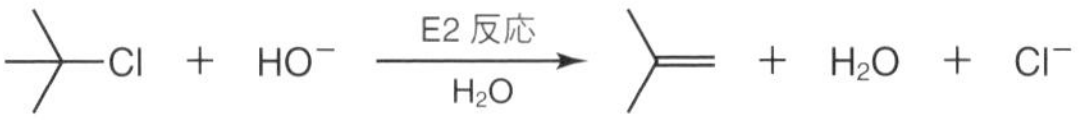
Cl
HO⁻
E2 反応
H2O
H2O
Cl⁻
(7・4a)

$$\text{反応速度} = k_2[\text{塩基}][\text{RY}] \qquad (7\cdot4\text{b})$$

このような二分子脱離反応（bimolecular elimination）を **E2 反応**という．

7・2・1 反応機構と立体化学

E2 反応(7・4a) は図 7・1 に示すように進む．すなわち，塩基による**脱プロトンと脱離基の切断が同時に起こり，1 段階で π 結合を形成する**．ここでは二つの結合切断と二つの結合生成（塩基−H 結合と π 結合）が協奏的に起こっている．

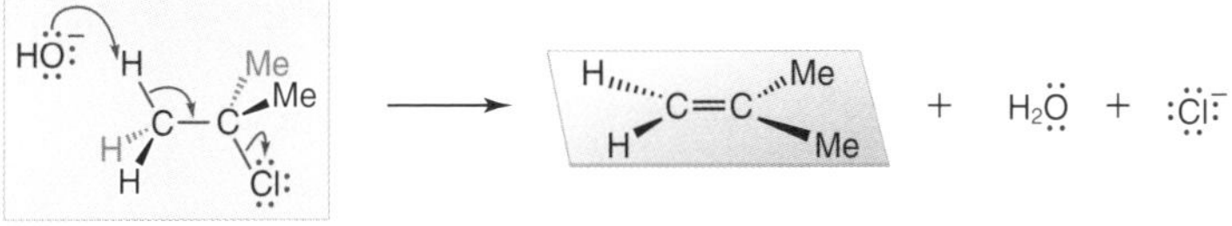
HO:⁻
H
Me
Me
H
C
C
H
Cl:
H
Me
C=C
H
Me
H2O
:Cl:⁻

図 7・1 E2 反応における協奏的な結合変化

クロロアルカンの反応がこのように進むためには，図 7・2 の軌道相互作用で説明するように，H−C と C−Y(Cl) 結合が共平面になる必要がある．π 結合をつくるとき H−C 結合の結合性軌道と C−Y 結合の反結合性軌道が効率よく相互作用するた

めに両者が**アンチ共平面**[*1]（anti-coplanar）になっている（図7・2b）．図7・2aは HO⁻ による脱プロトンのための軌道相互作用を示している．

　このようにE2反応は，軌道相互作用の要請によってHとYが反対側から脱離するので，**立体特異的**（stereospecific）[*2]に**アンチ脱離**（anti elimination，トランス脱離ともいう）で起こる．

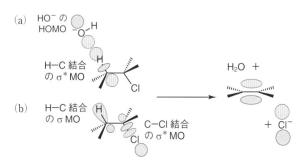

図7・2　クロロアルカンのHO⁻によるE2反応における軌道相互作用

例題7・1　2-ブロモ-3-フェニルブタンの四つのジアステレオマーをエタノール中でナトリウムエトキシドと反応させたときに生成するアルケンの構造を示せ．

解答　(2*R*,3*R*) および (2*S*,3*S*)異性体はいずれも，(a) に示すように，2-フェニル-2-ブテンの*E*異性体を与える．一方，(2*R*,3*S*) および (2*S*,3*R*)体は*Z*アルケンを生成する (b)．アンチ脱離なので，脱離するHとBrがアンチ共平面になるように出発物の三次元式を書けば，主生成物の構造をみつけやすい．

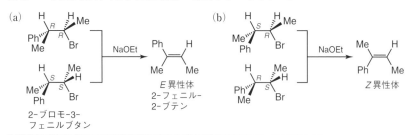

　＊1　アンチペリプラナー（antiperiplanar）ということも多いが，これは"ほぼ共平面"という意味である．
　＊2　立体特異性（stereospecificity）は出発物の立体異性によって生成物の立体異性が決まることを表し，反応機構に基づいている．一方，立体選択性（stereoselectivity）は，複数の反応経路があるとき，ある立体異性体が優先して生成することを表す．

7・2・2 E2反応の連続性と E1cB 反応

E2反応では脱プロトンと脱離基の切断が連動して（協奏的に）起こっているが，C−H結合とC−Y結合の切断の進行状態は二つの結合で異なっていてもよい．C−Y結合の切断が先行してカルボカチオン中間体を生じるのがE1反応であった（§7・1・1）．

逆にC−H結合切断が先行して，カルボアニオンを中間体とする機構も可能である．カルボアニオン中間体は RY の共役塩基（conjugate base）なので，このような脱離反応は **E1cB 反応**とよばれる（一般的に Y⁻ の脱離過程が律速で単分子反応なので１をつける）．脱離反応の三つの機構は図7・3に示すように表され，E2 機構の遷移構造は図7・4のように表される．

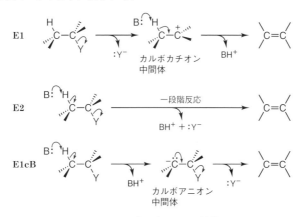

図 7・3　脱離反応の三つの機構

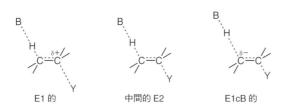

図 7・4　E2反応の遷移構造の連続的変化

E2 機構における二つの結合切断のバランスは，両極端の間で連続的に変わり得る．すなわち，生じてくる α炭素の正電荷と β炭素の負電荷を安定化する構造要因

とYの脱離能, 塩基の強さに依存する. Yが脱離しにくく, 塩基が強くて脱プロトンが先行すればE1cB機構の傾向が出てくる.

7・2・3　E2反応の位置選択性

E2反応においても特に理由がなければ, E1反応の場合と同様に, より安定なアルケンが生成しやすい. 反応(7・5)の例では, EtOH中のEtONaで約80%が三置換アルケンであり, E1反応におけるアルケンの比率〔反応(7・3)〕と類似している (E1反応では64%のS_N1置換生成物を生じるが, 第三級アルキル化合物はS_N2置換を起こさない).

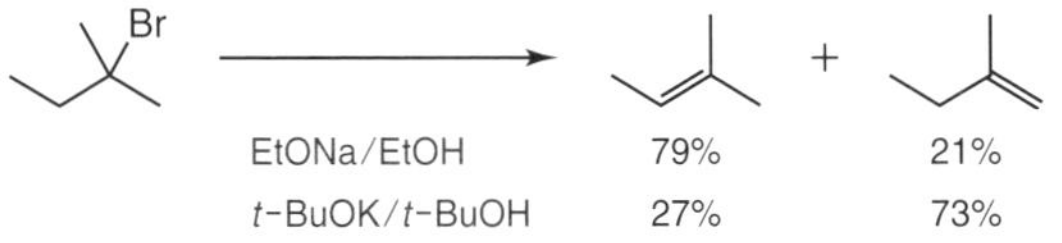

EtONa/EtOH	79%	21%
t-BuOK/t-BuOH	27%	73%

$$(7・5)$$

しかしながら, かさ高い塩基のt-BuOKを用いると立体障害の少ない末端のHを引抜くようになり, 置換基の少ないアルケンの比率が増大する. 最も置換基の少ないアルケンを生成する配向性はホフマン (Hofmann) 則といわれる.

反応(7・6)の例では, 脱離基がI (Br, Clでも同様) の場合は内部アルケンが主生成物となるが, F脱離基になると末端アルケンが優勢になる. Fの脱離能が非常に小さく, 電子求引基としてカルボアニオンを安定化する効果もあるのでE1cB的な反応になるためである.

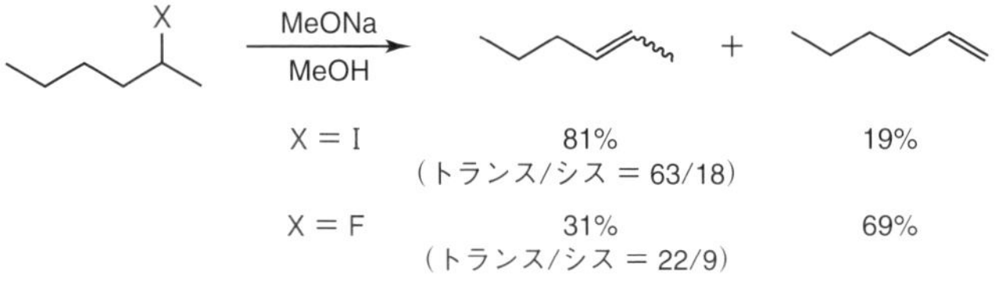

X = I	81% (トランス/シス = 63/18)	19%
X = F	31% (トランス/シス = 22/9)	69%

$$(7・6)$$

問題 7・2　次の反応の主生成物は何か.

(a)

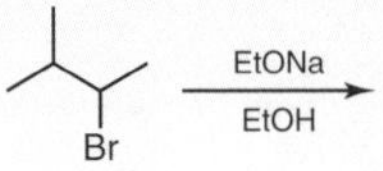

(b)

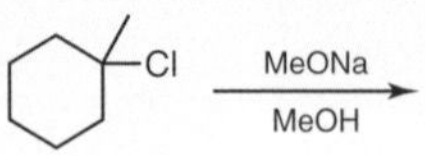

(c)

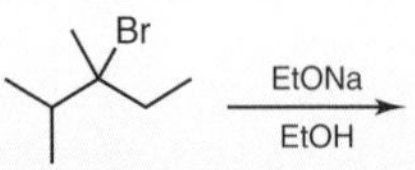

問題 7・3 次の反応結果を説明せよ.

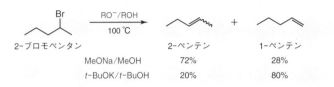

	2-ペンテン	1-ペンテン
MeONa/MeOH	72%	28%
t-BuOK/t-BuOH	20%	80%

例題 7・2 次の水酸化トリメチルアンモニウム塩を加熱すると末端アルケンが主生成物になる.このホフマン分解とよばれる反応の選択性を説明せよ.

解答 トリメチルアンモニオ基は電子求引性で,脱離しにくく,かさ高い.カルボアニオンを安定化し脱離基が外れにくいという構造因子は,E1cB的な遷移構造を安定化する.また,立体障害も末端炭素からの脱プロトンを起こしやすくし,末端アルケン生成を優勢にする.

7・3 脱離反応と置換反応の競合

　ハロアルカンと関連化合物 RY は一般的に置換と脱離を競争的に起こす.求核種(ルイス塩基)が炭素を攻撃すれば求核置換になるが,ブレンステッド塩基として β 炭素からプロトンを引抜くと脱離になる.

　求核性の低いプロトン性溶媒中の反応では,反応種となる溶媒分子が塩基としても求核種としても弱すぎるので直接反応することはない.したがって,第三級と第二級 RY は単分子的にカルボカチオン中間体を生成し,この活性な中間体が溶媒分子と反応して S_N1 か E1 反応を起こす.しかし,単純な第一級 RY が反応を起こすことはない.もっとも,枝分かれしたものは転位などを経て反応することもある.

　塩基としても作用できる求核種を加えて RY と反応させたときに起こる反応は,表 7・1 にまとめるように予想できる.第一級 RY の場合,S_N2 が優先されるが,強塩基では E2 も起こる.特に立体障害の大きい t-ブトキシドのような強塩基は E2 優先になる.第三級 RY の場合,S_N2 は起こさず,立体障害の大きい枝分かれした RY も S_N2 を起こしにくい.E2 はあまり立体障害に影響されず,多置換アルケンが

表 7・1　RY の置換と脱離反応

	求核性溶媒 (H₂O, ROH, RCO₂H)	弱塩基性求核種 (I⁻, Br⁻, RS⁻)	強塩基性求核種	
			立体障害小 (EtO⁻)	立体障害大 (t-BuO⁻)
RCH₂Y	反応しない	S_N2	S_N2	E2
R₂CHCH₂Y	反応しにくい	S_N2	E2	E2
R₂CHY	$S_N1/E1$ (遅い)	S_N2	E2	E2
R₃CY	$E1/S_N1$ (速い)	$S_N1/E1$	E2	E2

生成しやすい.

　第二級 RY は境界領域にあって, 置換と脱離の割合は反応条件に依存する. HO⁻ や EtO⁻ のように求核性も塩基性も強い場合には E2 が優先されるが, AcO⁻ のように求核性も塩基性も弱い場合には置換反応が優先される. 高温では脱離が置換よりも起こりやすくなる.

問題 7・4　次の反応において脱離と置換のどちらが起こりやすいか説明し, 主生成物の構造を示せ.

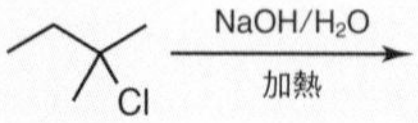

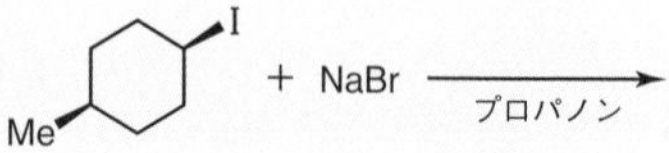

カルボニル基の酸塩基反応 Ⅱ：求核置換反応

　カルボン酸誘導体 RCOY はカルボニル炭素にヘテロ原子基 Y をもっているが，アルデヒドと同じようにルイス酸あるいは塩基として反応できる．しかし，Y が脱離基になり得るので，求核付加に続いて Y⁻ の脱離が起こり**求核置換反応**（nucleophilic substitution）になる．

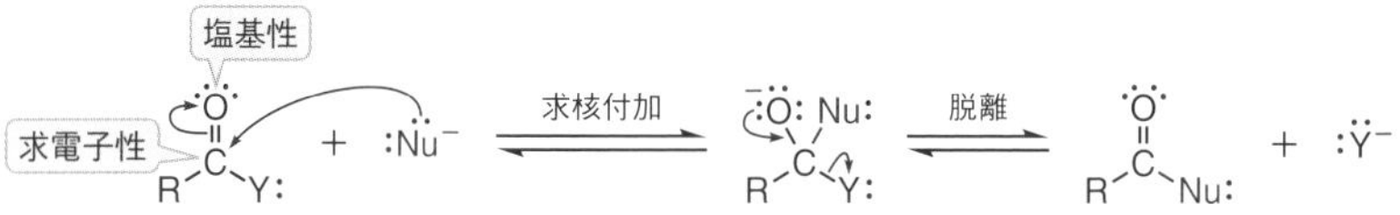

Y = OH(カルボン酸)，OR′(エステル)，OCOR′(酸無水物)，
　　NH₂, NHR′, NR′₂(アミド)，X(ハロゲン化アシル)

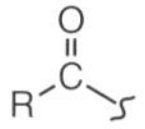

アシル基

　カルボン酸誘導体には，Y によって上に示すような種類があるが，RCO 基がアシル基とよばれるのでアシル化合物と総称されることもある．有機化合物にアシル基を導入する反応を一般的にアシル化という．カルボン酸誘導体は求核置換反応により相互変換でき，加水分解すればすべてカルボン酸になる．
　この章で，酸化還元についても考える．

8·1　エステルの加水分解
　最も典型的なカルボン酸誘導体はエステルであり，水溶液中で酸や塩基を加えると加水分解される〔反応(8·1)〕．この反応は代表的な求核置換反応であり，反応機構も非常に詳しく調べられている．

$$\underset{\text{エステル}}{\overset{\displaystyle O}{\underset{R}{\|}}\!\!\!\!\!\!\!\overset{}{C}\!\!-\!OR'} \;+\; H_2O \quad\xrightarrow[\text{加水分解}]{\text{HO}^-\text{ または } H_3O^+}\quad \underset{\text{カルボン酸}}{\overset{\displaystyle O}{\underset{R}{\|}}\!\!\!\!\!\!\!\overset{}{C}\!\!-\!OH} \;+\; R'OH \qquad (8\cdot1)$$

8·1·1　塩基性条件における加水分解

　エステル加水分解も求核付加-脱離の2段階で進行する. 塩基性条件における加水分解の反応機構は次のように書ける.

　求核付加の段階はアルデヒドやケトンの水和反応と同じように進む. 付加物（水和物）は**四面体中間体**（tetrahedral intermediate）とよばれ, 付加-脱離機構の重要な中間体である. この中間体からアルコキシドイオン RO^- が外れて生成物になるが, RO^- の脱離能は非常に小さく, エーテルの開裂が起こりにくい原因になっていた. それにもかかわらず, 四面体中間体からは隣接の酸素アニオンからの電子押込み効果（**プッシュ**）によって押し出されるために脱離が可能になっている. ここで付加-脱離の段階は完結するが, 生成物はカルボン酸とアルコキシドである. カルボン酸がアルコールよりも強酸であるためにプロトン移動平衡で最終生成物の形になる. この平衡で塩基が消費されるため触媒反応にはならない. そこで, 塩基性条件におけるエステル加水分解は**アルカリ加水分解**とよばれている.

　四面体中間体の存在が, 飽和炭素における1段階で進む S_N2 求核置換反応（§6・1参照）との違いを示している.

8·1·2　酸触媒加水分解

　酸性条件においては, 次に示すように酸触媒水和から加水分解が進む. プロトン化四面体中間体のプロトンがアルコール脱離基に移動した形になると, アルコールが外れて加水分解が完結する.

酸触媒加水分解

活性化（プル）

（プロトン化形）　　（中性形）　　　　　　　（プロトン化形）
四面体中間体

プル

+ R'OH　　　　　　　+ R'OH + H₃O⁺

　酸はカルボニル酸素のプロトン化によってカルボニル基を活性化し，電子引出し効果（**プル**）で求核付加を助け，アルコキシ酸素プロトン化でアルコールの脱離を助けている（結合電子対を引出している）．酸触媒加水分解は全過程が可逆であり，最後に酸（H_3O^+）が再生されるので触媒反応になっている．

8・1・3　酸触媒エステル化

　酸触媒加水分解が可逆であることから，加水分解における“酸性水溶液中のエステル”という条件を，“酸性アルコール中のカルボン酸”という条件に変えて反応すると，アルコール大過剰で平衡はエステルに偏る〔反応(8・2)〕．平衡になったところで酸を中和すればエステルが取出せる*．

$$\underset{R}{\overset{O}{\|}}\!\!-OH + R'OH \underset{R'OH}{\overset{R'OH_2^+ 触媒}{\rightleftharpoons}} \underset{\text{エステル}}{\underset{R}{\overset{O}{\|}}\!\!-OR'} + H_2O \qquad (8・2)$$

　問題 8・1　酸触媒エステル化反応(8・2)の機構を巻矢印で表せ．

8・1・4　四面体中間体の証明

　エステル加水分解が付加–脱離の二段階機構（プロトン移動は考えない）で進んで

---

* 　酸触媒としては塩酸や硫酸のような強酸を少量加えればよいが，アルコール中の酸は ROH_2^+ の形になっている．酸触媒エステル化はフィッシャー（Fischer）エステル化とよばれることもある．

いることを証明するためには,四面体中間体の存在を確かめればよい.このことを調べるために,酸素同位体 ^{18}O で標識したエステルが用いられた.カルボニル酸素を ^{18}O で標識した安息香酸エチルのアルカリ加水分解を行い,反応を途中で止め,未反応のエステルを回収して調べると,^{18}O が部分的に ^{16}O に換わっていた(図8・1).反応が1段階で進んでいたのであれば,未反応のエステルは元のままのはずである.2段階の反応で四面体中間体を経由すると,この中間体で H_2O からきた酸素とカルボニル基の酸素が等価になるので,エステルを再生する逆過程で ^{18}O が失われる可能性がある.すなわち,酸素同位体交換は四面体中間体を経由する二段階反応によって説明できる.

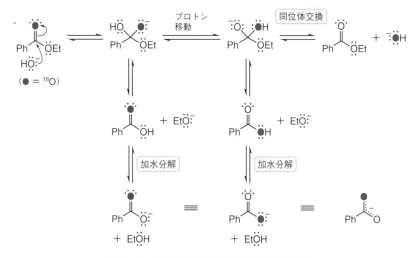

図 8・1 エステル加水分解における同位体交換

例題 8・1 エステル加水分解では,エステルの結合切断がアルキル C−O 結合でなくアシル C−O 結合で起こる.このことを証明するためにはどうしたらよいか.

解答 エステルのアルコキシ酸素を ^{18}O で標識して加水分解し,生成物を調べればよい.

$$Ph\!-\!\overset{O}{\underset{}{C}}\!-\!\bullet Et + H_2O \underset{H_3O^+}{\overset{HO^- \text{ または}}{\rightleftharpoons}} Ph\!-\!\underset{\bullet Et}{\overset{HO\quad OH}{C}} \rightleftharpoons Ph\!-\!\overset{O}{\underset{}{C}}\!-\!OH + Et\!\bullet\!H$$

$(\bullet = {}^{18}O)$ 四面体中間体

^{18}O がカルボン酸でなくアルコールに含まれていることから,C−O 結合切断がカ

ルボニル基側で起こっていることがわかる．この結果も四面体中間体を経る二段階
機構で合理的に説明できる．もし，S_N2 反応で求核種がアルコキシ基のアルキル基
を攻撃していたら，結合切断位置はアルキル基側になる．

問題 8・2　エタン酸 *t*-ブチルの酸触媒加水分解では，アルキル炭素側で C−O 結合切
断が起こる．この結果を説明せよ．

8・2 エステルの他の反応

8・2・1 エステル交換

エステルをアルコールに溶かし，酸または塩基を加えると，アルコールの交換が
起こる．この反応をエステル交換という．

エステル交換

$$\underset{\text{R}-\overset{\displaystyle \text{O}}{\overset{\|}{\text{C}}}-\text{OR}'}{} \ + \ \text{R}''\text{OH} \ \underset{}{\overset{\text{H}^+ \text{ または R}''\text{O}^-}{\rightleftharpoons}} \ \underset{\text{R}-\overset{\displaystyle \text{O}}{\overset{\|}{\text{C}}}-\text{OR}''}{} \ + \ \text{R}'\text{OH}$$

エステル交換は加水分解とよく似た付加-脱離機構で進み，塩基触媒でも酸触媒
でも可逆反応になる．

塩基触媒エステル交換

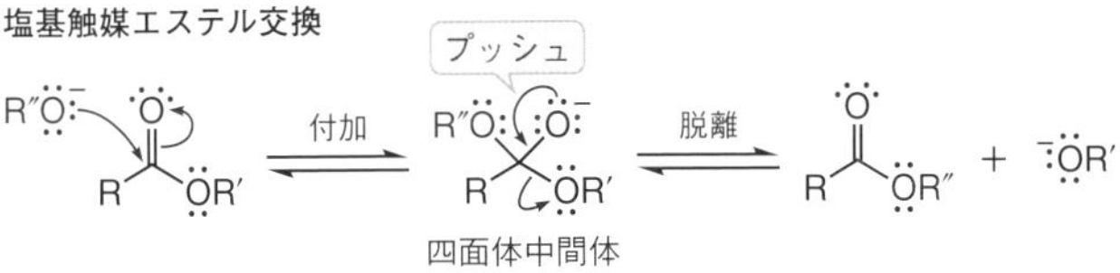

酸触媒エステル交換

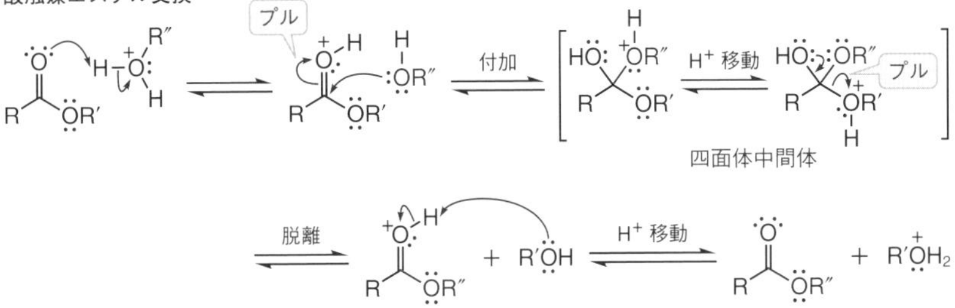

問題 8・3 塩基によるエステル加水分解は不可逆で，当量の塩基を必要とした（§8・1・1）が，エステル交換は塩基性条件でも触媒的な可逆反応になる．この結果を説明せよ．

8・2・2 アミンとの反応

エステルはアンモニア，第一級および第二級アミンと反応してアミドを生成する[*]．アミンの求核性は十分大きく，触媒がなくてもカルボニル基に直接付加できる．また，塩基性条件になるので四面体中間体からアルコキシドイオンも脱離できる．したがって，反応は付加-脱離機構でスムーズに進む．

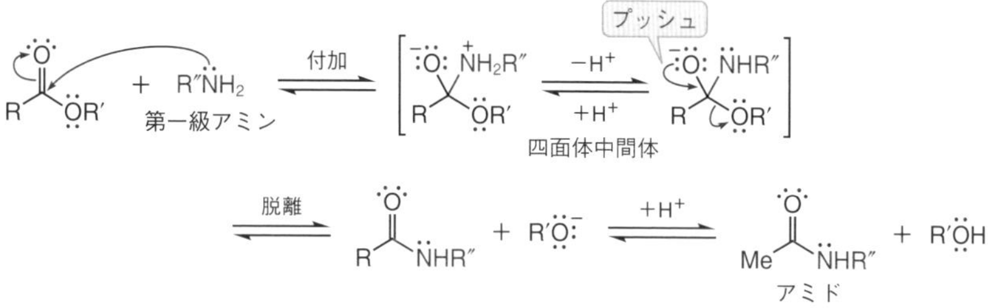

問題 8・4 カルボン酸と第一級アミンを反応させるとどうなるか．
問題 8・5 アミドの塩基性が低いのはなぜか．

8・3 カルボン酸誘導体の反応性と相互変換

8・3・1 カルボン酸誘導体の相対的反応性

カルボン酸誘導体 RCOY の反応は求核付加-脱離の2段階で進むので，その各段階における反応性を考える必要がある．ヘテロ原子基 Y は非共有電子対をもつの

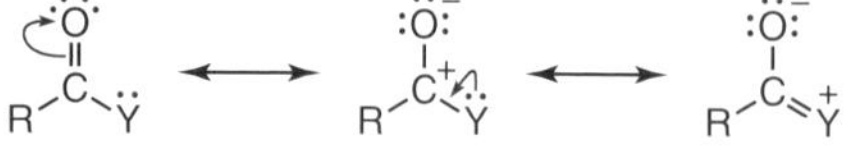

---

[*] 第三級アミンも反応するが，生成物はアンモニオ基をもつ塩になるので安定に単離することはむずかしい．アンモニオ基は正電荷をもつので脱離可能であり，反応中間体として使える（§11・5求核触媒を参照）．

で，RCOY の電子状態は（**1**）〜（**3**）の共鳴で表される．この共鳴において Y の電子
供与性が大きく（**3**）の共鳴寄与が大きいものほど，RCOY は安定でカルボニル基の
求電子性は小さくなり，反応性は低くなる．Y の電子供与性は Y^- の塩基性に対応
する．

Y^- の塩基性は HY の酸性度（pK_a）とともに次のように整理でき，カルボン酸誘
導体の相対的反応性（求電子性）も予想できる．Y^- の脱離能は塩基性と逆の序列
になるので求電子性（求核付加に対する反応性）と同じ順になっている．

Y^- の塩基性	Cl^-	$<$	RCO^- ($\overset{O}{\overset{\|}{}}$)	$<$	RS^-	$<$	RO^-	$<$	RNH^-
HY の pK_a の概略値	-7		5		10		16		35

$$\underset{\text{塩化アシル}}{\overset{O}{\underset{R}{\overset{\|}{C}}}-Cl} > \underset{\text{酸無水物}}{R-\overset{O}{\overset{\|}{C}}-O-\overset{O}{\overset{\|}{C}}-R'} > \underset{\text{チオエステル}}{R-\overset{O}{\overset{\|}{C}}-SR'} > \underset{\text{エステル}}{R-\overset{O}{\overset{\|}{C}}-OR'} > \underset{\text{アミド}}{R-\overset{O}{\overset{\|}{C}}-NHR'}$$

（RCY の求電子性）

Y^- の脱離能	Cl^-	$>$	RCO^- ($\overset{O}{\overset{\|}{}}$)	$>$	RS^-	$>$	RO^-	$>$	RNH^-

8・3・2 カルボン酸誘導体の相互変換

上でみたように塩化アシル（酸塩化物）の反応性が最も高い．したがって，塩化
アシルはどのカルボン酸誘導体にでも変換できる．しかし，最も反応性の低いアミ
ドを他の誘導体に変換することはできない．アミドは酸性あるいは塩基性水溶液で
加熱すれば加水分解され，カルボン酸とアミンになる．

8・4 酸化還元反応

アルコール，アルデヒド，ケトン，そしてカルボン酸というように，酸化状態の
異なる酸素化合物の反応をみてきたので，ここで酸化還元の一般的な考え方につい
てまとめておこう．

8・4・1 官能基の酸化状態

金属イオンの酸化状態は，その価数で定義されるが，電荷をもたない有機分子の
場合には，酸化数によって定義される．共有結合している原子の**酸化数**（oxidation
number）は，（同じ周期の元素を考える場合）結合電子対が 2 電子とも電気陰性度

の大きいほうの原子に所属するものとして計算した電荷（ヘテロリシスで生じたイオンの電荷に相当する）として定義する.

　この定義によると，代表的な一連の有機化合物の中心炭素の酸化数は次のようになる．アルカンの炭素の酸化数は，メタンから第四級炭素まで $-4 \sim 0$ と変化している．これは H の電気陰性度が C よりも小さいためである.

酸化数 -4	-3	-2	-1	0	$+1$	$+2$	$+3$	$+4$

　炭素基をさらに電気陰性度の大きい酸素に換えていくと，酸化数は二酸化炭素の $+4$ まで変化する．ここで二重結合は（形式電荷の計算の場合と同様に）O が 2 個結合しているとみればよい.

　一方，炭素にヘテロ原子が結合して形成された官能基は，H に結合しているか C に結合しているかに関係なく同じような反応性を示す．そこで結合している H と

表 8・1　官能基の酸化状態による比較

	アルカン	アルコール	アルデヒド（ケトン）	カルボン酸	二酸化炭素
メタン	CH_4	H_3C-OH H_3C-Y	$H_2C=O$ $H_2C{<}^Y_Y$	$\overset{O}{\overset{\|}{H-C-OH}}$ $H-CY_3$	$O=C=O$ CY_4
第一級炭素	$R-CH_3$	$\overset{OH}{\underset{Y}{\overset{\|}{R-CH_2}}}$ $R-CH_2$	$\overset{O}{\overset{\|}{R-C-H}}$ $R-CHY_2$	$\overset{O}{\overset{\|}{R-C-OH}}$ $R-CY_3$	
第二級炭素	$\underset{R}{\overset{\|}{R-CH_2}}$	$\overset{H}{\underset{R}{\overset{\|}{R-C-OH}}}$ $\overset{H}{\underset{R}{\overset{\|}{R-C-Y}}}$	$\overset{O}{\overset{\|}{R-C-R}}$ $\underset{R}{\overset{\|}{R-CY_2}}$		
第三級炭素	$\underset{R}{\overset{R}{\overset{\|}{R-CH}}}$	$\overset{R}{\underset{R}{\overset{\|}{R-C-OH}}}$ $\overset{R}{\underset{R}{\overset{\|}{R-C-Y}}}$			

Cに関係なく，官能基の酸化状態にしたがって有機化合物を分類すると表8・1のように整理できる．各行にはメタンから第三級炭素アルカンの誘導体があり，官能基の炭素の酸化数はヘテロ原子との結合1個ごとに +1 になる（二重結合は結合2個とみなす）．Yを電気陰性なヘテロ原子とすると，$-CHY_2$〔例: ジクロロメタン CH_2Cl_2 やアセタール $RCH(OR')_2$〕はアルデヒドと同じ酸化状態にあり，$-CY_3$〔例: トリクロロメタン（クロロホルム）$CHCl_3$〕はカルボン酸と同じ酸化状態にあることがわかる．実際に加水分解すると，CH_2Cl_2 や $RCH(OR')_2$ はアルデヒドになり，$CHCl_3$ はカルボン酸になる．

問題 8・6 オルトエステル $RC(OR')_3$ の酸触媒加水分解がどう起こるか示し，生成物がカルボン酸であることを確かめよ．

8・4・2 酸化と還元

酸化数の増える過程を**酸化**（oxidation），その逆過程を**還元**（reduction）という．したがって，**電子を失う過程が酸化で，電子を受取る過程が還元である**．一方，有機化学では，**酸素の付加を酸化，水素の付加を還元といい，その逆過程をそれぞれ還元あるいは酸化という**．この有機化学の定義は，Oの電気陰性度がCより大きく，Hの電気陰性度がCより小さいことを考えると，酸化数による定義，したがって，電子の授受による定義と矛盾しないことがわかる．

通常の極性反応では，求電子種（ルイス酸）と求核種（ルイス塩基）は電子対を受取るものと出すものであるが，酸化還元を伴わないことが多い．求核中心がヘテロ原子で電気陰性度がCより大きければ通常の置換や付加では酸化還元は起こらないが，そうでない場合には還元になる．一方，求電子付加や求電子置換において，求電子中心の電気陰性度がCより大きい場合には酸化になる．次の代表的な例を調べてみればわかるだろう．

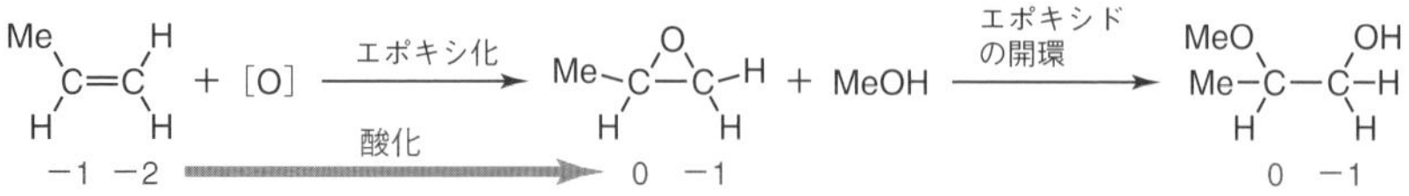

よく似た反応でも，アルデヒドの水和では酸化還元が起こっていないが，HCN 付加は還元になっている．アルケンへの HCl 付加では全体として酸化状態の変化は起こらないが，Cl_2 の付加は酸化になっている．エポキシ化は代表的な酸化反応であるが，アルコールによる開環では酸化状態は変化していない．

8・4・3　カルボニル化合物のヒドリド還元

　ここでカルボニル化合物の還元，そして次にアルコールの酸化をみておこう．カルボニル結合にヒドリドイオン H^-（水素化物イオン）が付加すると還元になる．

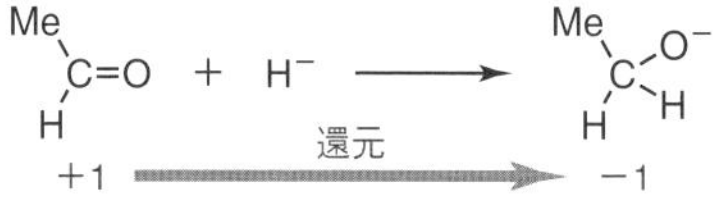

　この反応は，金属水素化物の複塩である $LiAlH_4$ あるいは $NaBH_4$ を用いて行われる（単純な水素化物の LiH や NaH は強塩基として反応する）．

水素化ホウ素ナトリウム　　　　水素化アルミニウムリチウム
$NaBH_4$　　　　　　　　　　　　　$LiAlH_4$

$NaBH_4$ によるアルデヒドの還元は BH_4^- からのヒドリド移動によって進む．

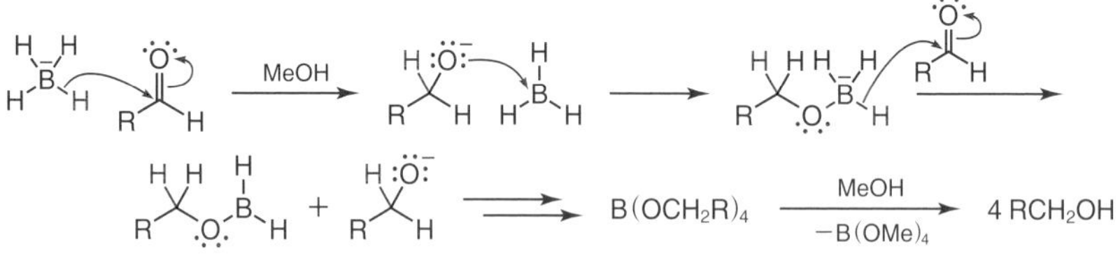

H は B−H 結合の結合電子対をもってカルボニル炭素を求核的に攻撃する．すなわち，BH_4^- は非共有電子対をもっておらず，結合電子対が HOMO になっている．したがって，ヒドリド移動を表す巻矢印は B−H 結合から出るように書く必要がある．最初の生成物は $H_3B(OCH_2R)^-$ であるが，B−H 結合はさらに還元に使われ，4 分子

のアルデヒドを還元できる．最後にプロトン化されて第一級アルコールになる．NaBH$_4$ は穏和な還元剤であり，通常アルコール中でアルデヒドとケトンを還元するが，エステルなどのカルボン酸誘導体とは反応しない．

問題 8・7　アルデヒドへの H$^+$ 付加がどのように起こるか示し，酸化還元を伴うか，H$^-$ 付加と比べて説明せよ．

LiAlH$_4$ は活性で，アルコールと激しく反応して H$_2$ を発生するので，反応はジエチルエーテルや THF のようなエーテル溶媒中で行われ，カルボン酸誘導体も還元できる．カルボニル基との反応では，BH$_4^-$ の場合と同じように，Al–H 結合が求核中心となる．エステルとは次のように反応し，アルデヒドを経て第一級アルコールを与える．アルデヒドはエステルよりも反応性が高いのでアルデヒドを得ることはむずかしい．

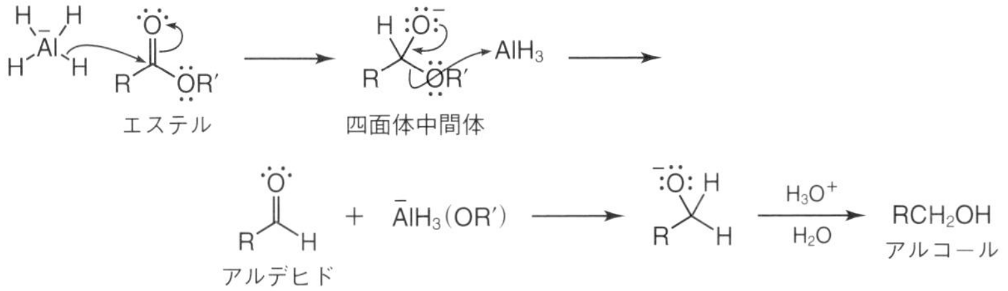

アミドと LiAlH$_4$ の反応では，最終生成物としてアミンが得られる．

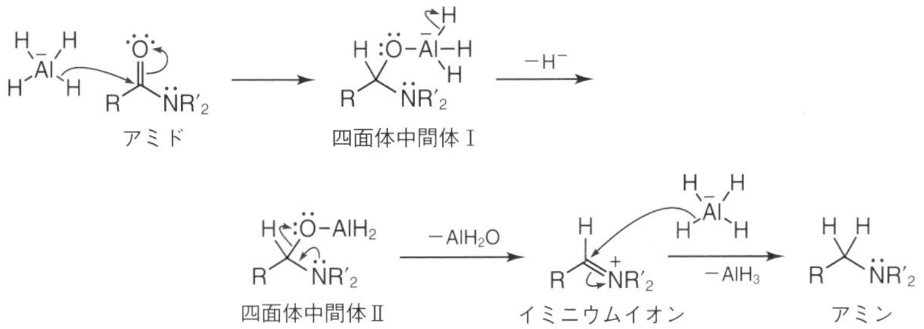

この反応ではイミニウムイオンの生成が重要であるが，そのためには，四面体中間体から水素化アルミニウムオキシドイオンが脱離する必要がある．四面体中間体 I からはジアニオンが脱離しなければならないので，そのまま脱離することはむずかしいであろう．この中間体から別のアルデヒド分子にヒドリドイオン移動が起こ

れば四面体中間体 II になり，アルミニウムオキシドが脱離できる．このような過程を経て生成したイミニウムイオンは LiAlH$_4$ によって還元される．

しかし，穏和な条件で反応を制御して進め，還元が起こる前に加水分解すればアルデヒドを得ることもできる．

還元剤としての NaBH$_4$ と LiAlH$_4$ の適用範囲は，カルボニル化合物の反応性により，次のようにまとめることができる．

ケトンとエステルの両方の官能基をもっているような化合物を NaBH$_4$ と LiAlH$_4$ で還元すると，次の例のように異なる結果が得られる．NaBH$_4$ は選択的にケトンだけを還元する．

例題 8・2　上の反応においてケトエステルのエステルだけをアルコールに還元して，3-オキソ-1-ブタノールを得るためにはどのように反応したらよいか．

解答　反応性の高いケトンのほうを残すためには，アセタールとして保護してから還元すればよい．

例題 8・3　金属－炭素結合をもつ化合物は有機金属化合物とよばれ，合成反応によく使われる．なかでも Mg の有機金属化合物を使う反応はグリニャール（Grignard）反応の名称で知られている．次のグリニャール反応を完結し，酸化還元が起こっているかどうか説明せよ．

$$\text{Ph}\overset{\displaystyle O}{\underset{\displaystyle H}{C}} \; + \; \text{H}_3\text{C}-\text{MgBr} \quad \xrightarrow{\text{Et}_2\text{O}}$$

解答　Mg−C 結合は大きく分極しているので，カルボアニオン求核種として CH_3^- が C=O 結合に付加する．カルボニル炭素の酸化数が +1 から 0 になるので，還元になっている．

$$\underset{+1}{\text{Ph}\overset{\displaystyle O}{\underset{\displaystyle H}{C}}} \; + \; \text{H}_3\text{C}-\text{MgBr} \quad \xrightarrow{\text{Et}_2\text{O}} \quad \underset{0}{\text{Ph}\overset{\text{H}_3\text{C}\quad O^-\;{}^+\text{MgBr}}{\underset{\displaystyle H}{C}}}$$

8・4・4　アルコールの酸化

　第一級アルコールを酸化すると，アルデヒド，さらにカルボン酸になるが，第二級アルコールはケトンになる．酸化剤としてよく用いられるのはクロム(VI)化合物であり，二クロム酸ナトリウム $\text{Na}_2\text{Cr}_2\text{O}_7$ を用いる標準的手法はジョーンズ (Jones) 酸化とよばれている．

ジョーンズ酸化

$$\underset{\text{第一級アルコール}}{R\overset{\text{H H}}{\underset{\text{OH}}{C}}} \xrightarrow[\text{プロパノン}]{\overset{\text{Na}_2\text{Cr}_2\text{O}_7}{\text{H}_2\text{SO}_4,\ \text{H}_2\text{O}}} \underset{\text{アルデヒド}}{R\overset{\displaystyle O}{\underset{\displaystyle H}{C}}} \underset{\text{H}_2\text{O}}{\rightleftharpoons} R\overset{\text{HO\quad OH}}{\underset{\displaystyle H}{C}} \longrightarrow \underset{\text{カルボン酸}}{R\overset{\displaystyle O}{\underset{\displaystyle OH}{C}}}$$

水溶液中では 3 種類のクロム(VI)化学種が平衡になっている．

$$\underset{\text{ニクロム酸イオン}}{{}^-O-\overset{\displaystyle O}{\underset{\displaystyle O}{Cr}}-O-\overset{\displaystyle O}{\underset{\displaystyle O}{Cr}}-O^-} \underset{\text{H}_2\text{O}}{\rightleftharpoons} \underset{\text{クロム酸イオン}}{HO-\overset{\displaystyle O}{\underset{\displaystyle O}{Cr}}-O^-} \underset{\text{H}_3\text{O}^+}{\rightleftharpoons} \underset{\text{三酸化クロム}}{O=\overset{\displaystyle O}{Cr}=O}$$

　アルコールの酸化は，酸性水溶液中で次に示すように起こる．

クロム(VI)塩の特徴的な橙色溶液が，反応とともに緑色に変化していく．クロム酸エステル中間体の分子内で環状的な電子の移動が起こり，還元が進む．このときアルキル基の H はヒドリドとして移動すると考えられている（以前は逆まわりの電子の動きでプロトン移動の形で書かれることが多かった）．

　第二級アルコールはケトン生成物になるが，第一級アルコールは酸化されてアルデヒドになると，平衡的に存在するアルデヒド水和物にもう一つ α 水素があるので，さらに酸化されてカルボン酸になる．

問題 8・8　アルデヒド水和物のクロム酸酸化の反応機構を巻矢印を用いて表せ．

　第一級アルコールからアルデヒドを得るためには，アルデヒドの酸化を避ける必要がある．そのために，水和されないように有機溶媒中で反応する．有機溶媒に可溶な酸化剤としてよく用いられるのは，クロロクロム酸ピリジニウム（pyridinium chlorochromate：PCC）である．

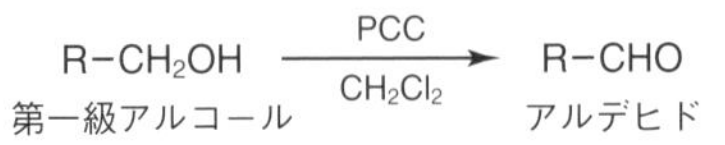

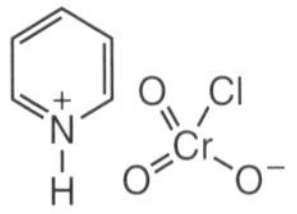

$$R-CH_2OH \xrightarrow[\text{CH}_2\text{Cl}_2]{\text{PCC}} R-CHO$$

第一級アルコール　　　アルデヒド

クロロクロム酸ピリジニウム
（PCC）

芳香環の酸塩基反応：
置換反応

4章でアルケンのπ結合が塩基として働き，酸塩基反応を起こすことを学んだ．ベンゼンを代表とする芳香族化合物もπ電子系をもつが，塩基としての反応性はアルケンよりも低い．たとえば，アルケンは HCl と速やかに反応するが，ベンゼンは反応しない．

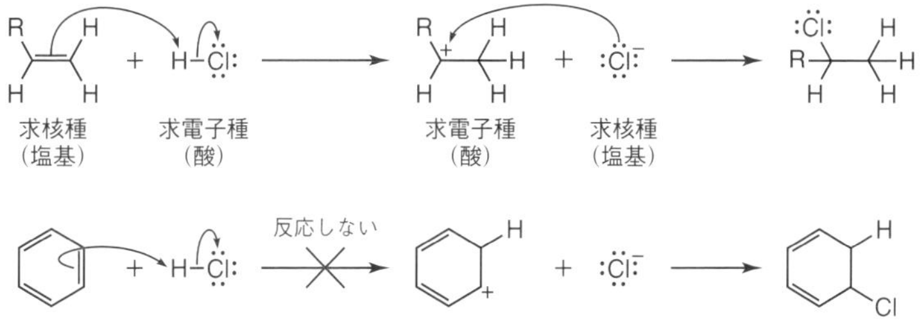

求核種　　　　求電子種　　　　　　求電子種　　　　求核種
（塩基）　　　　（酸）　　　　　　　（酸）　　　　　（塩基）

しかし，もっと強力な求電子剤を用いれば，ベンゼンにも付加が起こるようになる．ただし，付加に続いて脱プロトン（脱離）が起こるので，付加–脱離の結果，**求電子置換反応**（electrophilic substitution）になる〔反応(9・1)〕．

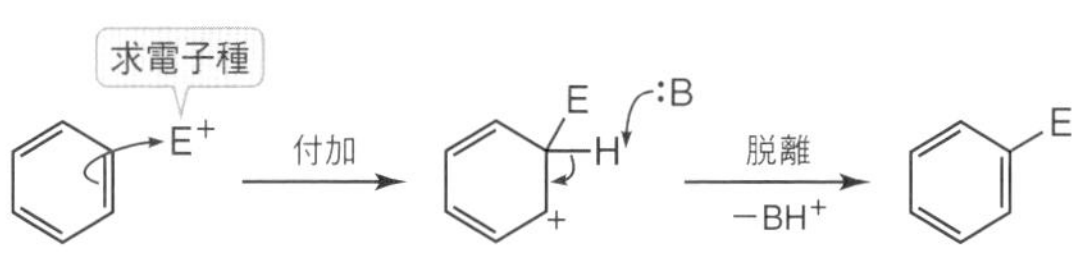

求電子種

付加　　　　　　　　　脱離
$-BH^+$

$$(9・1)$$

ベンゼンは環状 6π 電子系をもち，電子豊富であるにもかかわらず求核性が低い．これはなぜだろうか．

また，芳香環に強い電子求引基が結合していれば，求電子性アルケン（§5・4参照）と同じように求核攻撃を受けて，**求核置換反応**（nucleophilic substitution）を起こす．この反応についても述べる．

9・1　ベンゼンの芳香族性と反応性

　ベンゼンの物性値を調べてみると，イオン化エネルギー*はエテンよりも小さく，HOMO が高いことを示している（ベンゼン 9.45 eV，エテン 10.51 eV）．また，プロトン親和力もベンゼンのほうが大きく，エテンよりもプロトン化されやすいことを示している（ベンゼン 745 kJ mol^{-1}，エテン 665 kJ mol^{-1}）．これらはいずれも気相でのデータであるが，ベンゼンの塩基性がエテンよりも強いことに相当する．それにもかかわらず求核性（反応性）が低いのはなぜだろうか．

　溶液中における求核種の反応性については，カルボカチオンとの反応速度の実測値から求核性パラメーター N が提案されている．トルエン Ph−Me の $N = -4.36$ は，プロペン CH$_2$=CHMe の $N = -2.41$ よりも小さく，ベンゼン誘導体の反応性がアルケンよりも低いことを示している．反応の進みやすさ（反応性）は，反応物の電子状態だけで決まるものではないことに注意しよう．反応速度は遷移状態（TS）と反応原系のエネルギー差（活性化エネルギー）によって決まり，TS は一般的に生成物の構造も反映していることを§3・5で述べた．

　ベンゼンは，環状に非局在化した 6 個の π 電子をもち，特別な安定化を受けている．このような**環状 6π 電子系**（および関連の環状 4n+2 電子系）の特別な安定性を

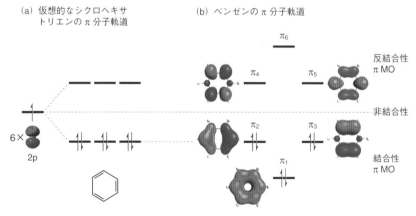

(a) 仮想的なシクロヘキサトリエンの π 分子軌道　　(b) ベンゼンの π 分子軌道

図 9・1　ベンゼンの π 分子軌道．理論計算で得られた π MO のエネルギー準位（b）を左側の仮想的な共役していない 1,3,5-シクロヘキサトリエン（a）と比較し，MO の形を示している．

---

*　イオン化エネルギーは電子を取去るのに必要なエネルギーであり，プロトン親和力は H$^+$ が結合するときに出すエネルギーである（ただし，H が共有結合しているとは限らない）．

芳香族性（aromaticity）という（§1・4・2参照）．これは，電子が分子軌道（MO）に収容されて強く安定化されていること，すなわち低エネルギーの MO があることからきている．ベンゼンのπ分子軌道は，単純な理論計算によると，図9・1(b) に示すようになり，共役していない仮想的な 1,3,5-シクロヘキサトリエンの MO（図9・1a）と比べて，非常に低エネルギーのπ MO（π_1）をもっていることがわかる．したがって，6電子が $\pi_1 \sim \pi_3$ に入って非局在化し，そのうち2電子が π_1 に入ることによって得られる安定化エネルギーが芳香族性の原因になっているといえる．

　このような反応物の安定化は反応性を低下させる要因になる．反応が進むにつれてこの安定化要因がなくなり，TS のエネルギーが変らなければ，TS とのエネルギー差はそれだけ大きくなる（図9・2）．

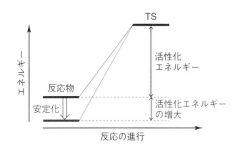

図 9・2　反応物の安定化と活性化エネルギーの増大

　芳香族求電子置換反応の付加過程において，**反応とともに芳香族安定性が失われていくので，活性化エネルギーがそれだけ大きく反応性が低くなっている**．求電子付加で生成する中間体カチオンは，一般名で**ベンゼニウムイオン**（benzenium ion）とよばれるが，溶液中の塩基成分の作用で脱プロトンすれば芳香族性を回復して，安定な生成物になる．すなわち，この置換反応では H が求電子性脱離基（electrofuge）になっている．反応(9・1) に注釈を加えれば，式(9・1a) のようになる．また，ベンゼニウムイオン中間体は次ページ上に示すような共鳴で表すこともでき，正電荷はおもに反応位置のオルトとパラ位の3箇所に分布していることに注意しよう．

$$（9・1a）$$

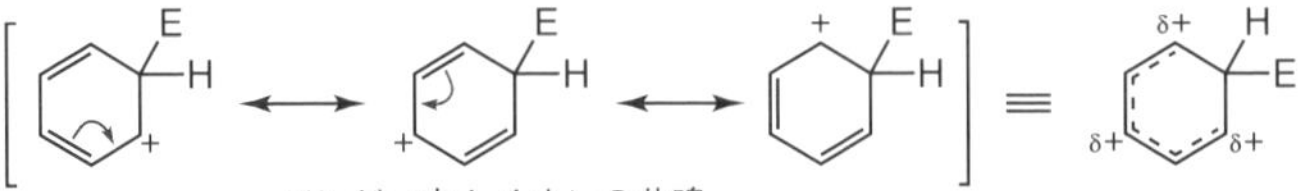

ベンゼニウムイオンの共鳴

9・2 求電子置換反応の種類

　芳香族求電子置換反応の種類は，求電子種の種類によって分類できる．おもな反応には，表9・1にまとめたようなものがある．この表では，実際に反応にかかわる求電子種とそれを生成する求電子剤に分けて書いてある．求電子種がカチオンの場合にはイオン対になっていることが多い．

表 9・1　おもな芳香族求電子置換反応と求電子種

反応	求電子種	求電子剤[†]	生成物
ハロゲン化	$X^+ (X = Cl,\ Br)$	X_2-LA	$Ar-X$
ニトロ化	NO_2^+	$HNO_3-H_2SO_4$	$Ar-NO_2$
スルホン化	SO_3	$H_2SO_4 (+ SO_3)$	$Ar-SO_3H$
アルキル化	R^+	$RX-LA$	$Ar-R$
アシル化	$RC\equiv O^+$	$RCOCl-LA$	$Ar-COR$

[†]　LA = ルイス酸（AlX_3，FeX_3 など）

9・2・1　ハロゲン化

　ベンゼンの**ハロゲン化**（halogenation，塩素化や臭素化）は，ハロゲン X_2 にルイス酸の AlX_3 や FeX_3 を触媒として加えることによって行われる（Fe 金属を用いることもあるが，Fe は X_2 で酸化されて FeX_3 になる）．臭素化の例として反応(9・2)がある．ハロゲンはルイス酸塩基反応によって活性化され〔反応(9・2a)〕，ルイス

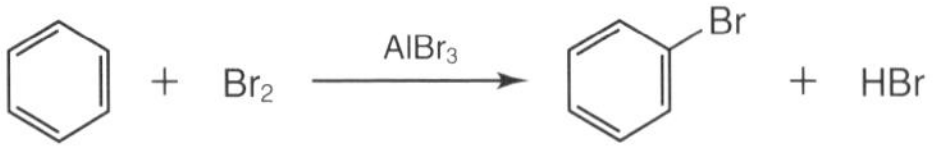

$$\text{(9・2)}$$

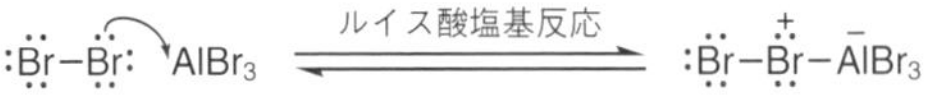

ブロモベンゼン

ルイス酸塩基反応

$$\text{(9・2a)}$$

付加　　脱離　　+ HBr　+ $AlBr_3$

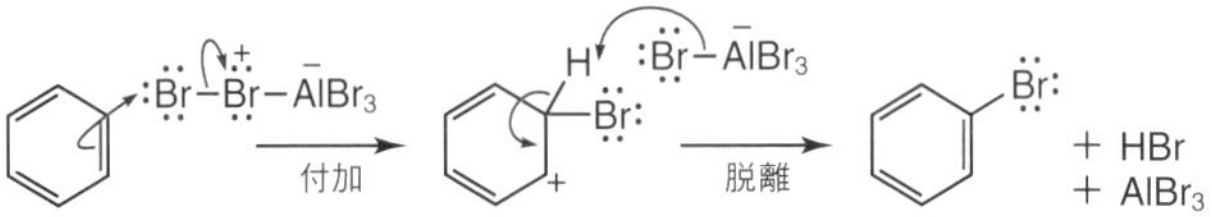

$$\text{(9・2b)}$$

酸-塩基付加物から求電子種を出して反応が進む〔反応(9・2b)〕.

9・2・2　ニトロ化

　ニトロ化 (nitration) はニトロニウムイオン NO_2^+ を求電子種として起こる〔反応 (9・3)〕. この求電子種は, 通常, 硝酸と硫酸の反応で発生させる. この酸塩基反応 〔反応(9・3a)〕では, 弱酸の硝酸が塩基となり, O がより強い硫酸によってプロトン化され (H_2O が脱離して) NO_2^+ が生成する. ついで, 求電子置換反応〔反応(9・3b)〕が起こる.

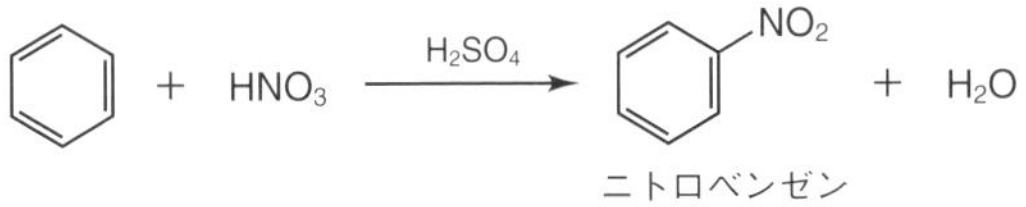

$$\text{[ベンゼン]} + HNO_3 \xrightarrow{H_2SO_4} \text{[ニトロベンゼン]} + H_2O \qquad (9・3)$$

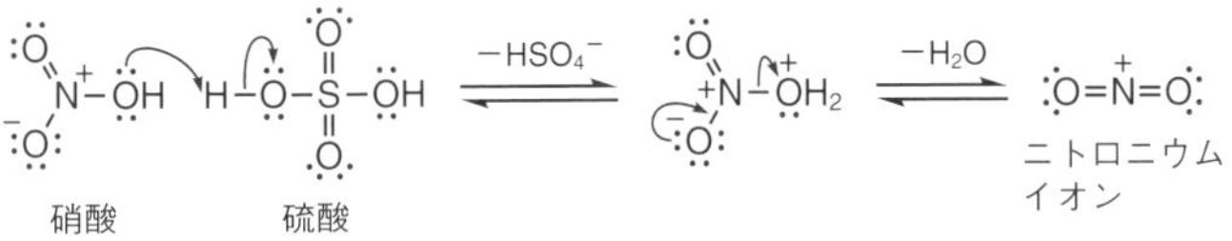

ニトロベンゼン

$$(9・3a)$$

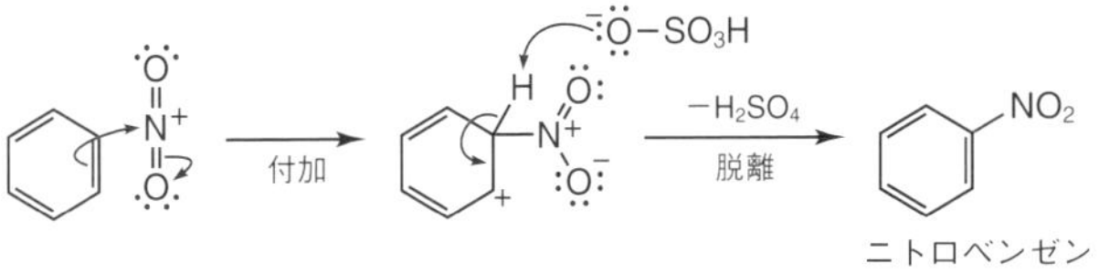

硝酸　　　硫酸

ニトロニウムイオン

$$(9・3b)$$

付加　　　　　　　　　　−H_2SO_4
　　　　　　　　　　　　脱離

ニトロベンゼン

9・2・3　スルホン化

　スルホン化 (sulfonation) の求電子種は三酸化硫黄 SO_3 あるいはそのプロトン化体であると考えられている〔反応(9・4)〕. ここでは硫酸どうしで酸塩基反応を起こ

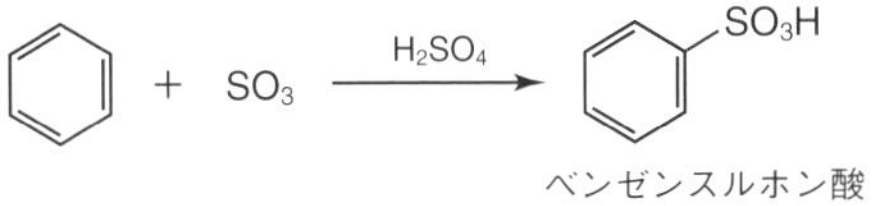

$$\text{[ベンゼン]} + SO_3 \xrightarrow{H_2SO_4} \text{[ベンゼンスルホン酸]} \qquad (9・4)$$

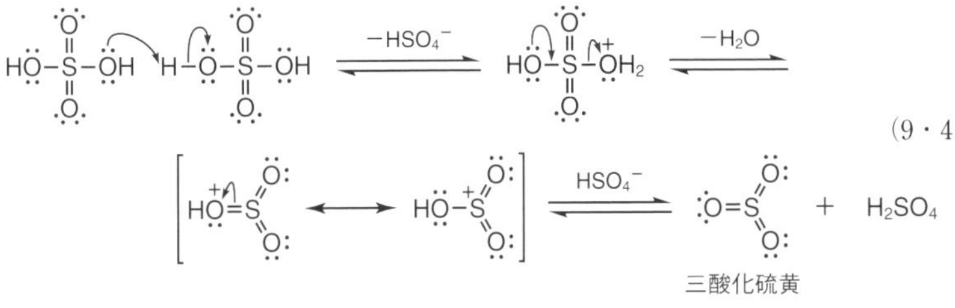

ベンゼンスルホン酸

$$(9・4a)$$

三酸化硫黄

し，硫酸からの脱水でプロトン化 SO_3，ついで SO_3 が生成する〔反応(9・4a)〕．SO_3 は式(9・4b)のように反応する．

$$\text{(9・4b)}$$

ベンゼンスルホン酸

9・2・4　アルキル化

　アルキル化の求電子種はカルボカチオンであり，通常，ハロアルカンからルイス酸触媒を用いて発生させる．この方法による反応(9・5)は，フリーデル–クラフツ（Friedel-Crafts）の**アルキル化**（alkylation）とよばれる．実際の求電子種はイオン対として作用すると考えられる〔反応(9・5a)と反応(9・5b)〕．

$$\text{(9・5)}$$

アルキルベンゼン

$$\text{R–Cl: AlCl}_3 \rightleftharpoons \text{R–Cl–AlCl}_3 \rightleftharpoons \text{R}^+\text{AlCl}_4^- \quad \text{(9・5a)}$$

$$\text{(9・5b)}$$

$$+ \text{HCl}$$
$$+ \text{AlCl}_3$$

　問題 9・1　スルホン化やアルキル化は逆反応を起こしやすい．ベンゼンスルホン酸イオンからベンゼンに戻る反応の機構を巻矢印で表せ．
　問題 9・2　ベンゼンとプロペンにリン酸を加えて反応させると，イソプロピルベンゼンが生成する．この反応の機構を巻矢印で表せ．

9・2・5　アシル化

　塩化アシルに $AlCl_3$ を 1 当量以上加えてベンゼンと反応させると，フェニルケトンが生成する〔反応(9・6)〕．このフリーデル–クラフツの**アシル化**（acylation）とよばれる反応の求電子種はアシリウムイオン（acylium ion）である〔反応(9・6a)〕．生成物のケトンは $AlCl_3$ と錯体をつくり，ルイス酸の作用を阻害するので，1 当量以上のルイス酸が必要になる．水による後処理によってはじめてフェニルケトンが遊離する〔反応(9・6b)〕．

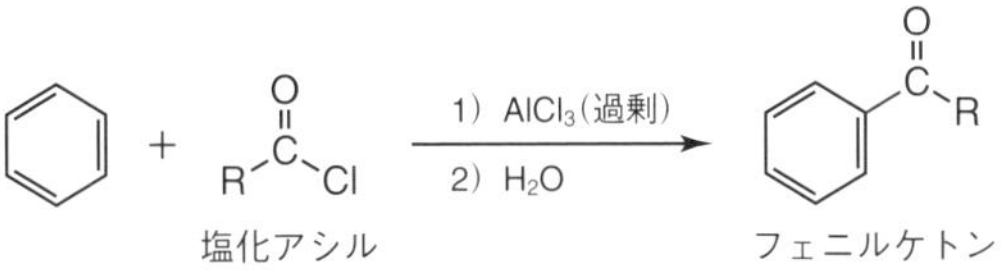

$$(9・6)$$

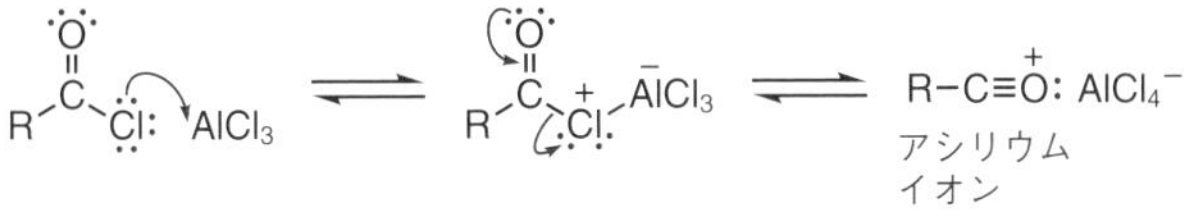

塩化アシル　　　　　　　　　フェニルケトン

$$(9・6a)$$

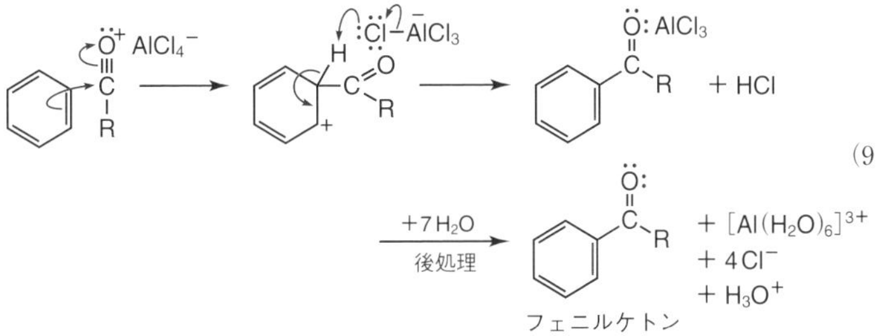

アシリウム
イオン

$$(9・6b)$$

フェニルケトン

9・3　置換ベンゼンの反応性と位置選択性

　反応を受けるベンゼンに置換基がある場合，その置換基によって置換ベンゼンの**反応性**がどうなるかという問題と，反応位置がどうなるかという**位置選択性**（**配向性**ともいう）の問題が生じる．これらの問題はいずれもベンゼニウムイオン中間体の安定性で説明できる．一置換ベンゼンの場合，オルト，メタ，パラの三つの反応位置がある．

9・3・1　活性化基と不活性化基

　無置換のベンゼンと比較して，反応を速くする置換基を**活性化基**といい，遅くする置換基を**不活性化基**という．活性化基は電子供与基，不活性化基は電子求引基であり，その代表はメトキシ基とニトロ基である＊．

　メトキシベンゼン（アニソール）は穏和な条件で速やかにニトロ化され，おもにオルトとパラ置換体を与える．

＊　置換基の電子供与性と電子求引性については，酸性度に対する置換基効果からパラメーターとして表2・2にまとめてある．

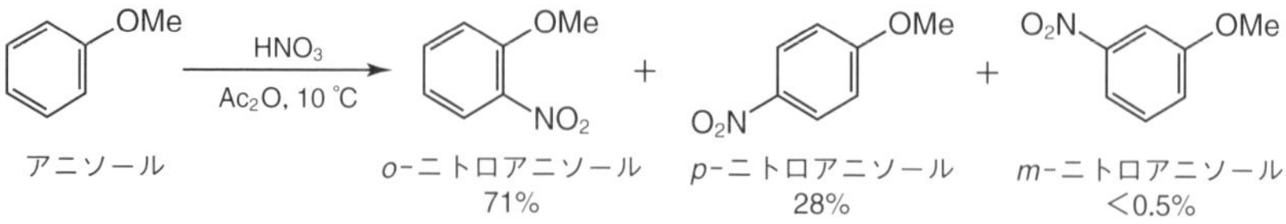

アニソール　　　　　　　　o-ニトロアニソール　　p-ニトロアニソール　　m-ニトロアニソール
　　　　　　　　　　　　　　　71%　　　　　　　　　28%　　　　　　　　　<0.5%

　一方，ニトロベンゼンのニトロ化はより強い条件でゆっくり進み，おもにメタ置換体を生成する．

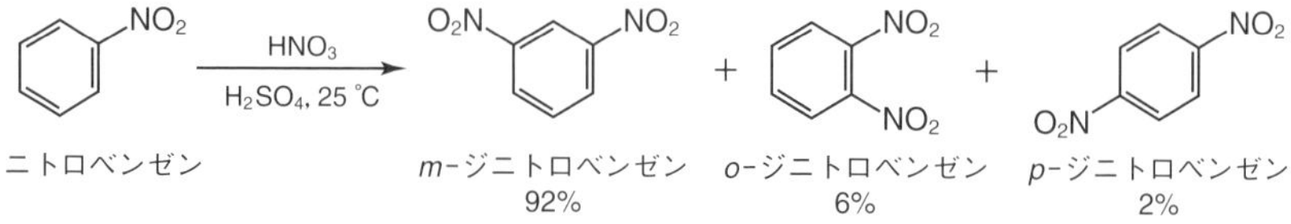

ニトロベンゼン　　　　　　m-ジニトロベンゼン　　o-ジニトロベンゼン　　p-ジニトロベンゼン
　　　　　　　　　　　　　　　92%　　　　　　　　　6%　　　　　　　　　2%

9・3・2　置換ベンゼニウムイオンの安定性

　求電子種の付加で生じたベンゼニウムイオンの安定性は，メトキシ基あるいはニトロ基によってどのような影響を受けるか，共鳴で考えてみよう．まず，メトキシベンゼンのオルト，メタ，あるいはパラ位に求電子攻撃して生成したベンゼニウムイオンを考える．

オルト置換

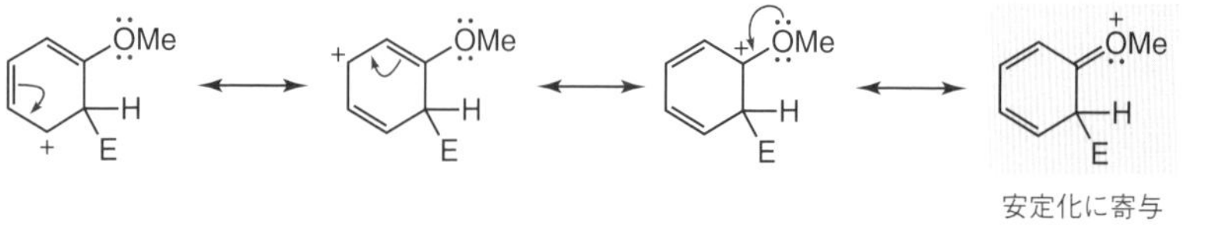

安定化に寄与

パラ置換

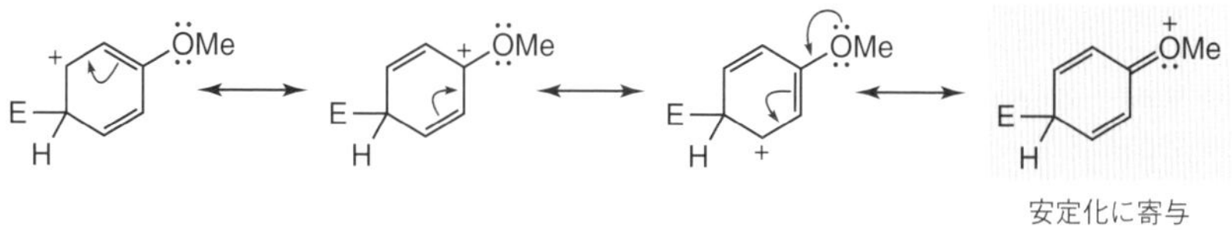

安定化に寄与

メタ置換

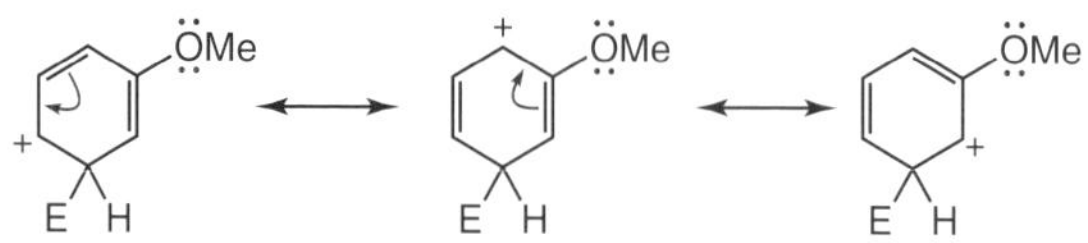

オルトおよびパラ置換のベンゼニウムイオンでは，四つ目の共鳴寄与式が書ける．

これらの寄与式はメトキシ酸素の非共有電子対がベンゼニウム環に供与されることを示している. これによって正電荷がさらに非局在化し, 安定化に大きく寄与する. この効果によって, メトキシベンゼンは高い反応性をもち, オルトとパラ置換体が主生成物になる. それに対し, メタ置換のベンゼニウムイオンでは, メトキシ基は正電荷を安定化するような共役に関与できない. むしろ, 酸素の電気陰性度によって電子求引的な誘起効果を示す.

次に, ニトロベンゼンから生じる3種類のベンゼニウムイオンをみてみよう.

オルト置換

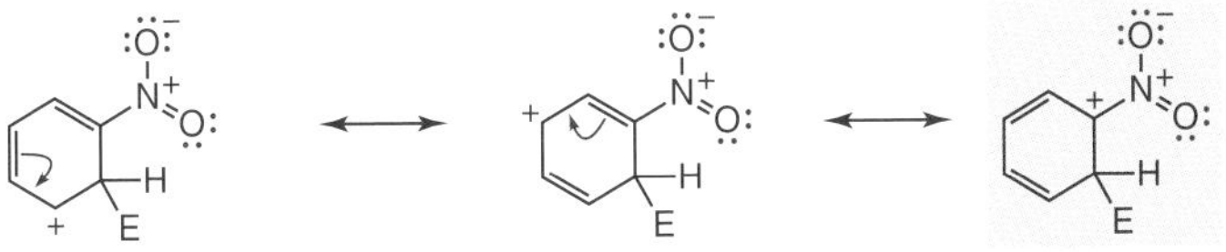

特に不安定

パラ置換

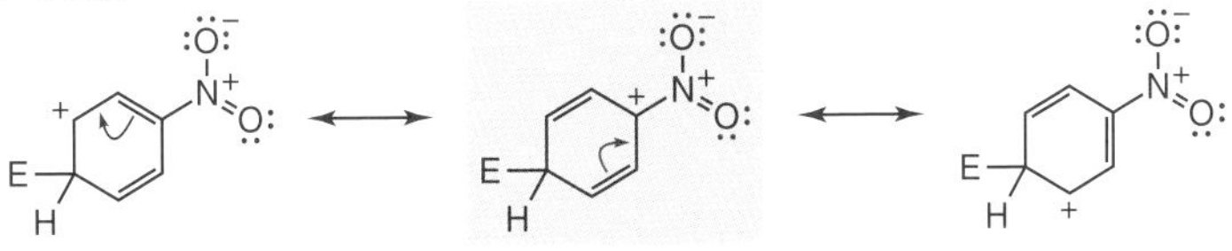

特に不安定

メタ置換

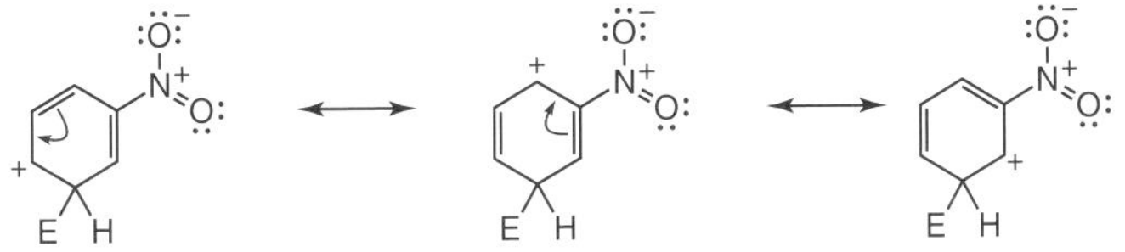

ニトロ基はNに形式正電荷をもち, 強い電子求引性を示すので, ベンゼニウムイオンを不安定化している. その結果, ニトロベンゼンの反応性は低い. 特にオルト位とパラ位にニトロ基をもつベンゼニウムイオンでは, 三つの共鳴寄与式のうちの一つは, 正電荷がニトロ基の結合位置 (イプソ位という) にくるために, 共鳴に寄与しない. したがって, それだけ不安定である. その結果として, ニトロ基による不安定化はメタ置換体において最も小さく, ニトロ基のメタ配向性の原因になる.

メトキシ基は反応を加速し (活性化基で), オルト・パラ配向性を示すのに対して, ニトロ基は反応を減速し (不活性化基で), メタ配向性を示すことがわかった.

9・3・3 置換基の分類

　その他の置換基も多くは，活性化オルト・パラ配向基と不活性化メタ配向基に分けられるが，ハロゲン置換基はオルト・パラ配向性であるにもかかわらず不活性化基である．したがって，一般的に置換基は電子供与効果と電子求引効果，共役効果と誘起効果に基づいて次のような3種類に分けられる．

・活性化オルト・パラ配向基：NH_2，NR_2，OH，OR，Ph，Me，R（アルキル）
　　いずれも共役効果（あるいは超共役効果）をもっている．
・不活性化オルト・パラ配向基：F，Cl，Br，I
　　ハロゲンは電気陰性度が大きいので電子求引性誘起効果を示し，不活性化基となるが，非共有電子対をもっているので共役効果によりオルト・パラ配向性を示す．
・不活性化メタ配向基：NO_2，C(R)=O，CN，SO_3H，CF_3，NR_3^+
　　電子求引性の共役効果あるいは誘起効果をもっている．

問題 9・3　クロロベンゼンのパラ求電子置換で生成するベンゼニウムイオンの共鳴を書いて，Cl がパラ配向性を示す理由を説明せよ．

問題 9・4　次の置換ベンゼンの組合わせについて，求電子置換反応における反応性の順を説明せよ．

(a) $Ph-CH_2CH_3$　$Ph-CH_2OMe$　$Ph-CH_2Cl$　　(b) $Ph-CH_3$　$Ph-OMe$　$Ph-O\overset{O}{\overset{\|}{C}}Me$

(c) $Ph-CH_3$　$Ph-CF_3$　Ph-F

9・3・4 二置換ベンゼンの反応

　二置換ベンゼンにおいて二つの置換基の効果が競合する場合には，より強い活性化基の効果が優勢に作用する．メチル（Me）基とメトキシ（OMe）基では，OMe基の共役的な電子供与性が強いので，主としてそのオルト位に反応する．

p-メトキシトルエン　　　3-ブロモ-4-メトキシトルエン

　次の例では，いずれも Me 基のオルトまたはパラ位に配向されるが，かさ高い置換基のオルト位は立体障害のために反応が起こりにくく，二つの置換基に挟まれたオルト位にはほとんど反応しない．

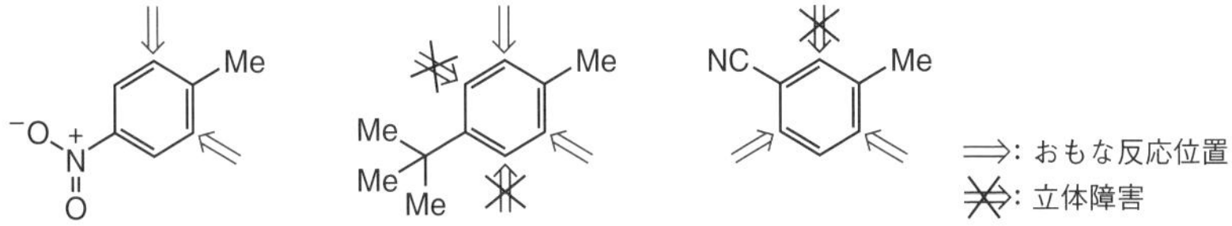

⟹: おもな反応位置
✖: 立体障害

　次の例では，二つの置換基がいずれもオルト・パラ配向基であるが，Cl が不活性化基であるにもかかわらず Me と同等の配向力を示している．Cl の誘起的な電子求引性よりも共役効果による電子供与性が大きく現れて，予想をむずかしくしている．

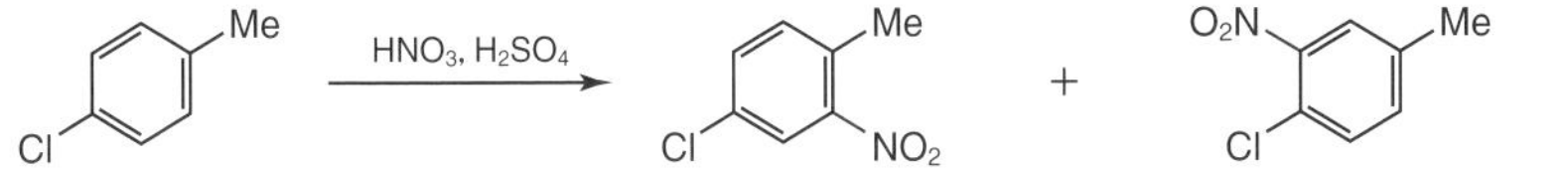

p-クロロトルエン　　　　4-クロロ-2-ニトロトルエン　　　　4-クロロ-3-ニトロトルエン
　　　　　　　　　　　　　　　58%　　　　　　　　　　　　　　42%

問題 9·5　次の化合物をニトロ化したとき，おもに得られるモノニトロ化生成物は何か．

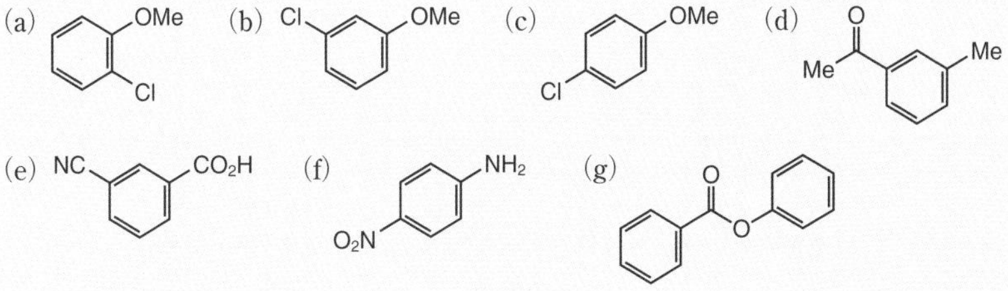

9·4　フェノールの反応

　フェノールはアルキルアルコールよりも酸性が強く，水溶液中でも解離している．

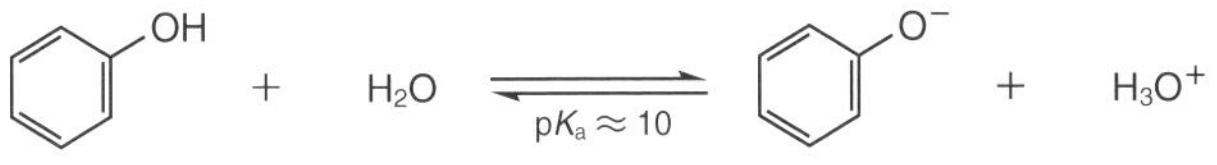

フェノール　　　　　　　　　　　　　　　　フェノキシドイオン

　フェノール自体，OH によって活性化されているため求電子種に対する反応性は非常に高いが，解離してフェノキシドイオンになるとさらに反応性は増強される．

たとえば，臭素化は触媒がなくても進む．非水溶液中では低温で一置換体を与える
が，水溶液中では容易に三置換体になる．

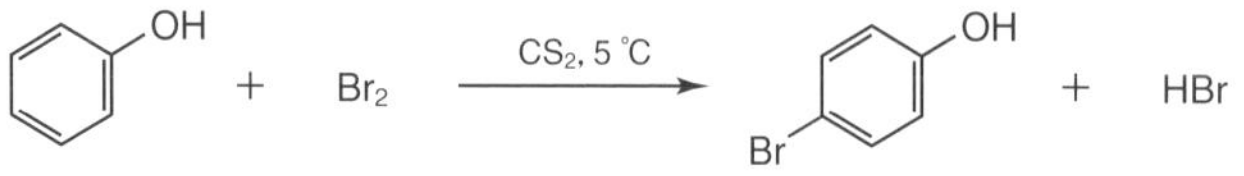

p-ブロモフェノール
82%

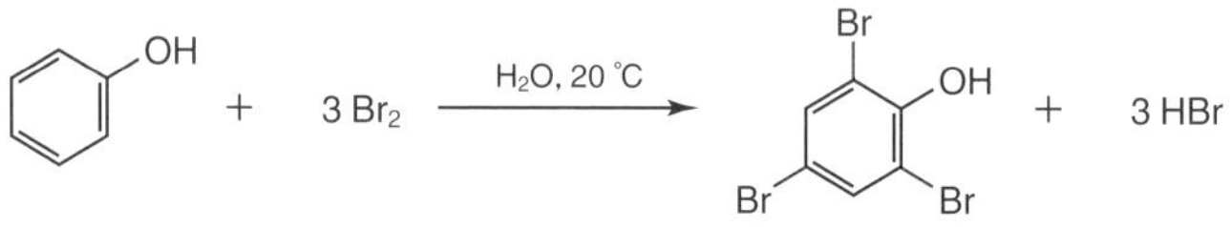

2,4,6-トリブロモフェノール

フェノキシドイオンは CO_2 やカルボニル化合物のような弱い求電子種とも反応
でき，おもにオルト置換体を与える．

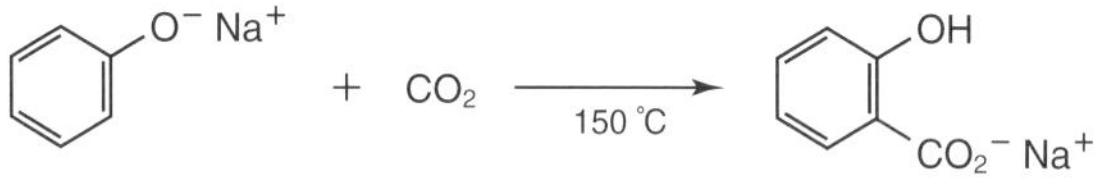

ナトリウムフェノキシド   サリチル酸ナトリウム

問題 9・6 フェノキシドイオンと二酸化炭素の反応の機構を巻矢印で表せ．

例題 9・1 フェノールとトリクロロメタン（クロロホルム）$CHCl_3$ を NaOH 水溶
液中で反応させると，$CHCl_3$ から α 脱離で生じた :CCl_2（カルベン）を求電子種とす
る置換反応が進み，加水分解によって o-ヒドロキシベンズアルデヒド（サリチルア
ルデヒド）を生成する．このライマー–ティーマン（Reimer-Tiemann）反応とよば
れる古典的な反応の機構を巻矢印で表せ．

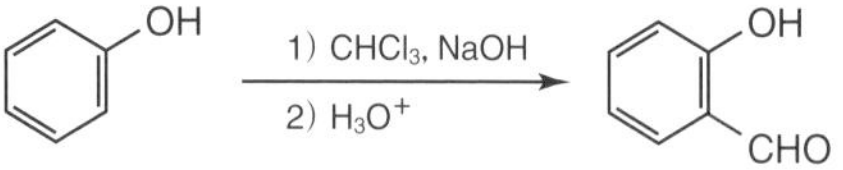

サリチルアルデヒド

解答

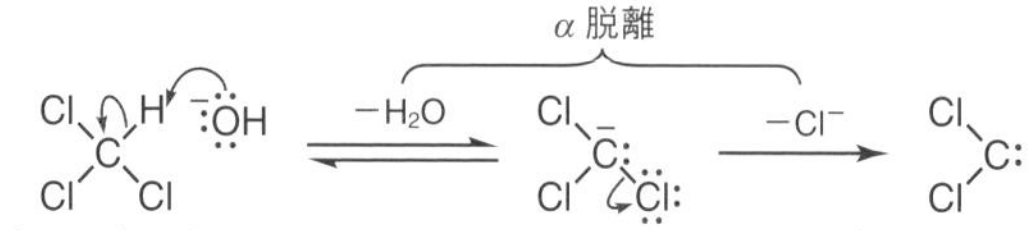

クロロホルム   ジクロロカルベン

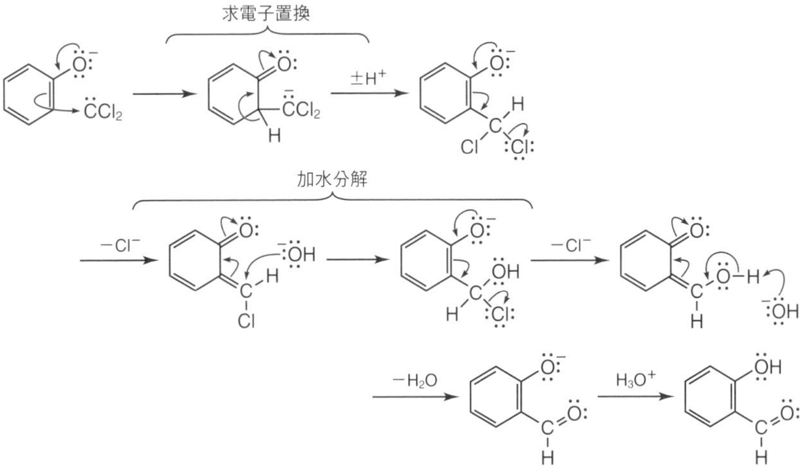

求電子置換

±H⁺

加水分解

−Cl⁻　　　　　　　　−Cl⁻

−H₂O　　　H₃O⁺

カルベンは求電子付加したあとプロトン化され，CHCl₂ 基（CHO と同じ酸化状態）となり，加水分解されてアルデヒドになる．

9・5 アニリンの反応

9・5・1 塩基性と反応性

アニリンはアルキルアミンよりも塩基性が弱い（アニリニウムイオンは通常のアンモニウムイオンより酸性が強い）．

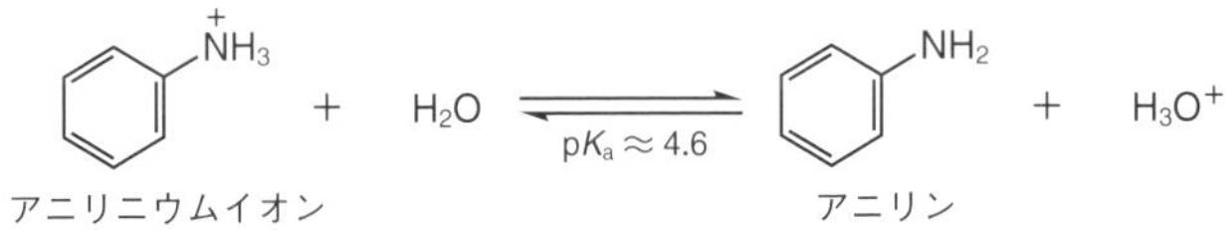

アニリニウムイオン　+　H_2O　$\xrightleftharpoons[pK_a \approx 4.6]{}$　アニリン　+　H_3O^+

しかし，塩基性はフェノールよりも強く，反応性（求核性）もフェノールよりさらに高い．すなわち，アミノ（NH_2）基は OH 基よりも強力な電子供与基である．したがって，一置換生成物を得ることはむずかしい．

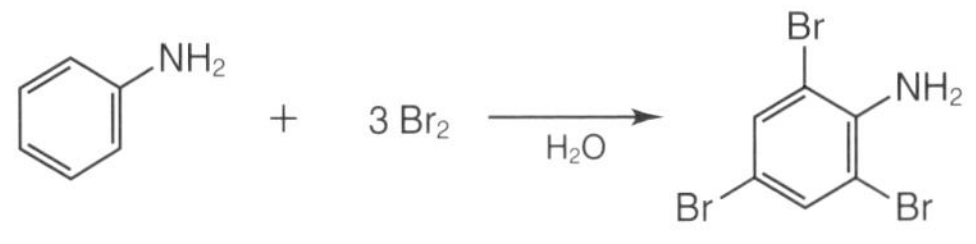

NH_2　+　3 Br₂　$\xrightarrow{H_2O}$　（2,4,6-トリブロモアニリン）

一方，求電子置換反応の条件が通常酸性であるために，塩基性の NH_2 基はプロト

ン化されて NH_3^+（あるいはルイス酸が結合した形）になるという問題がある．アンモニオ（NH_3^+）基は不活性化メタ配向基であるため，アニリンのニトロ化の結果は，用いる酸の強さによって変化する〔反応(9・7)〕．

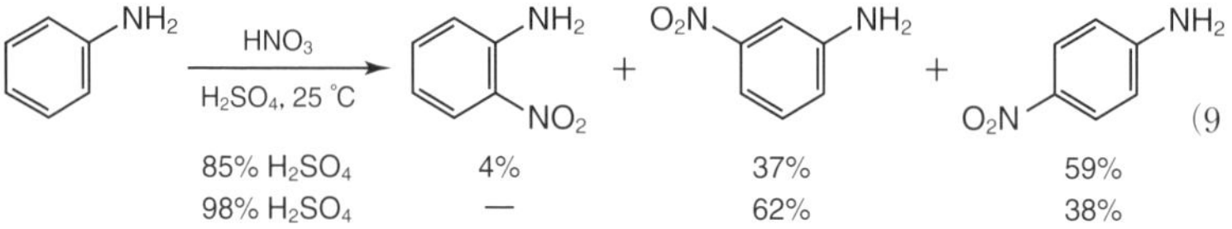

$$\begin{array}{cccc} & 85\% H_2SO_4 & 4\% & 37\% & 59\% \\ & 98\% H_2SO_4 & - & 62\% & 38\% \end{array}$$

(9・7)

かなり強い酸性条件でも，微量に存在する塩基形アニリンの反応性が共役酸形よりも極端に高いために，パラ置換体も生成する．しかし，反応条件の酸強度が増すにつれてメタ生成物の比率が増える．

　また，強酸性条件ではアニリンが酸化されやすいことも問題になる．

　このような問題点を避けるためには，NH_2 をアセチル化してアセトアミド（NHAc）基に変換しアセトアニリドとして反応を進め，あとで加水分解して元に戻せばよい．NHAc 基はほとんど塩基性を示さず*，かなり弱い活性化オルト・パラ配向基になる．

　p-ブロモアニリンは式(9・8) に示すように反応して得られる．ニトロ化〔反応(9・9)〕もアニリンを直接ニトロ化した場合〔反応(9・7)〕よりも選択性よく進められる．

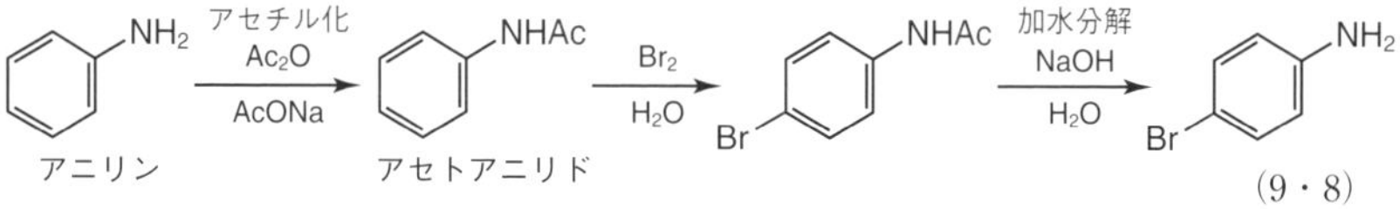

(9・8)

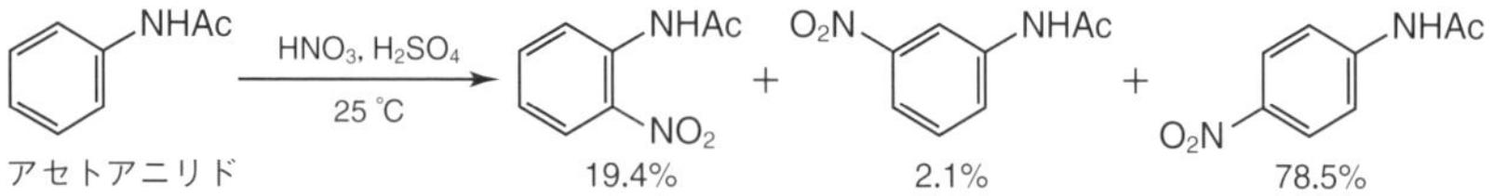

(9・9)

9・5・2　ジアゾニウム塩の生成と反応

　アミンのジアゾ化については§6・6で述べた．アニリンも同じようにジアゾ化さ

---

*　アミドの pK_{BH^+} はほぼ0であり，プロトン化はOに起こる．

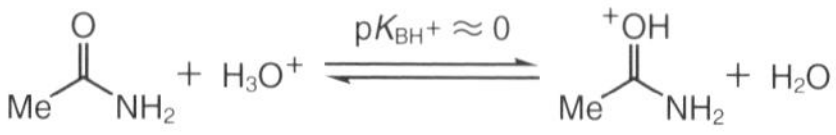

れてジアゾニウム塩を生成する．芳香族ジアゾニウム塩はアルカンジアゾニウム塩よりも安定で，氷冷下で調製し合成に用いることができる*．

ジアゾニオ基の脱離能は非常に大きいので，置換反応を起こしやすいが，付加-脱離による置換は考えにくい．そこで，S_N1機構と求核種が前面から攻撃する二分子反応機構が考えられる．

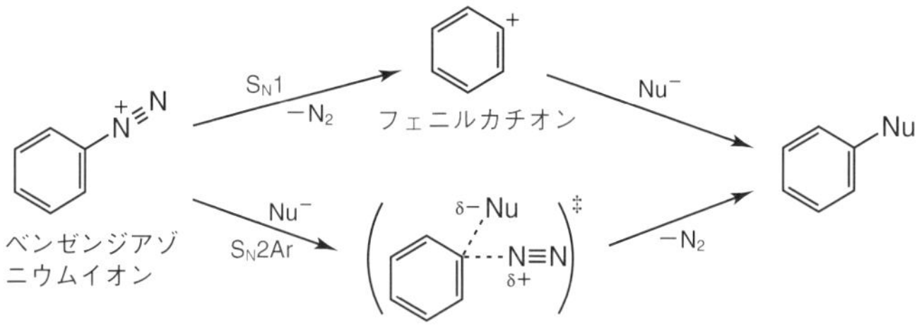

求核性の低い溶媒中においては，置換反応がS_N1反応で進行することが証明されている．窒素同位体 ^{15}N を使った反応で ^{14}N と ^{15}N が入換わったり，外部の N_2 が取込まれたりすることから，N_2 の脱離が可逆的に起こっていることが確かめられ，中間体としてフェニルカチオンが生成する S_N1 機構が最も合理的であるとされた．

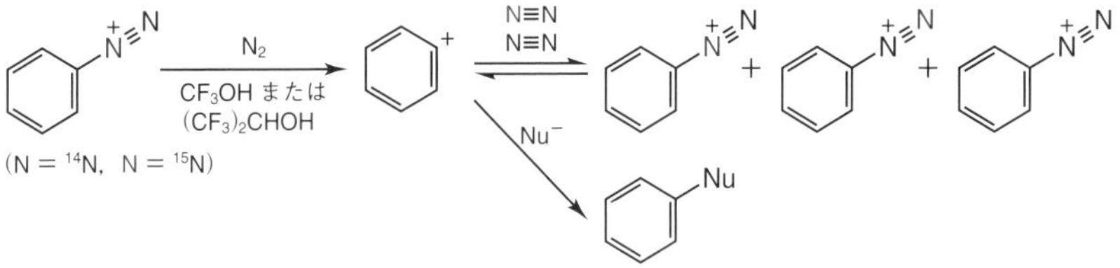

$(N = {}^{14}N, \ N = {}^{15}N)$

しかし，水溶液中では二分子機構も無視できない．ここでみたジアゾニウム塩の置換反応は求核置換反応の一つである．

9・6 芳香族求核置換反応

もっと一般的な**芳香族求核置換反応**（aromatic nucleophilic substitution）も，電子求引性置換基で活性化されていれば可能になる．

---

* 本書では述べないが，ザンドマイヤー（Sandmeyer）反応あるいはシーマン（Schiemann）反応とよばれる合成反応がある．

9・6・1　付加-脱離機構

　ベンゼン誘導体に求核性脱離基（代表的なものはハロゲン）と電子求引性置換基があれば，求核付加-脱離による置換反応が可能になる．代表的な例は次の反応である．

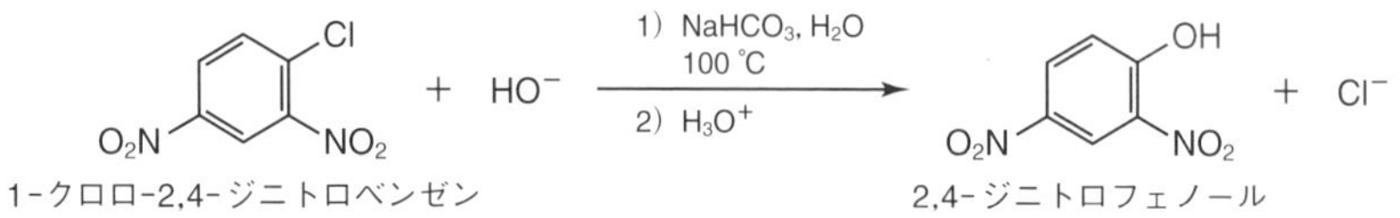

1-クロロ-2,4-ジニトロベンゼン　　　　　　　　　　　　　2,4-ジニトロフェノール

　置換反応を起こすためには，脱離基のオルトとパラ位に少なくとも一つ共役型の電子求引基（NO$_2$，CN，カルボニル基など）がある必要がある．反応は次のように2段階で進む．アニオン中間体は下の共鳴で示すように共役安定化されている．

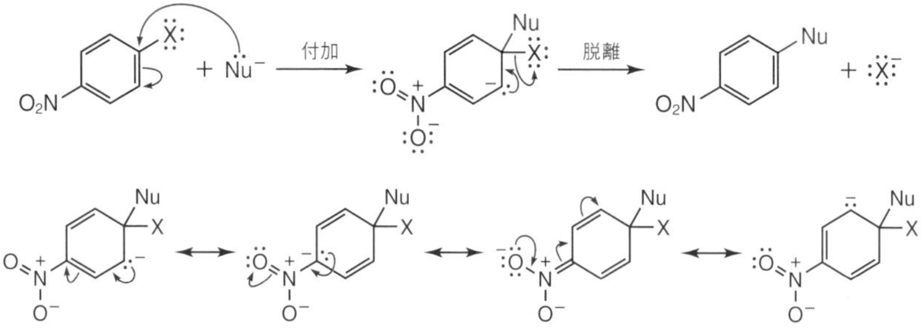

　飽和炭素における求核置換反応では，Fは脱離能が小さく，フルオロアルカンは置換反応を起こしにくかったが，フルオロベンゼン誘導体はむしろ求核置換を受けやすい．これは，この置換反応において求核付加段階が律速であり，Fの脱離能は反応速度に関係なく，むしろ高い電気陰性度による電子求引性が反応を加速する要因になっているからである．

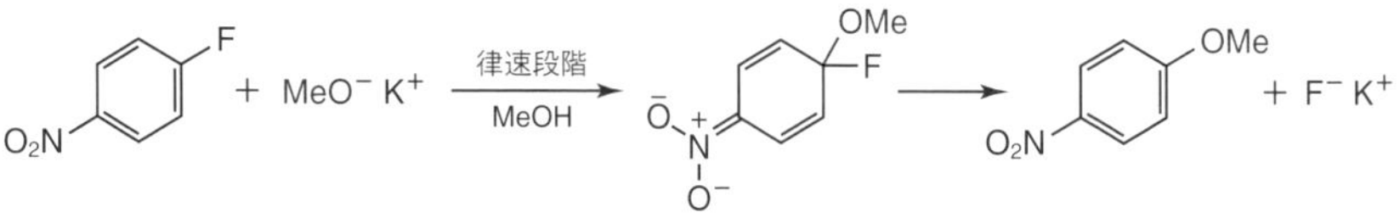

9・6・2　脱離-付加機構

　求核付加-脱離機構は，電子求引基によって活性化されたハロベンゼンの反応にみられるが，活性化されていないハロベンゼンを反応させるためには非常に強い反

応条件が必要になる．クロロベンゼンは濃 NaOH 水溶液中で加熱しても反応しないが，NaOH とともに融解するような高温（約 340 ℃）にすれば置換反応を起こす．また，低温で強力な塩基性条件となる液体アンモニア中の NaNH$_2$ と反応すればアニリンが得られる．このときクロロベンゼンの炭素を同位体標識しておけば，それぞれ 2 種類の生成物ができてくることもわかる．

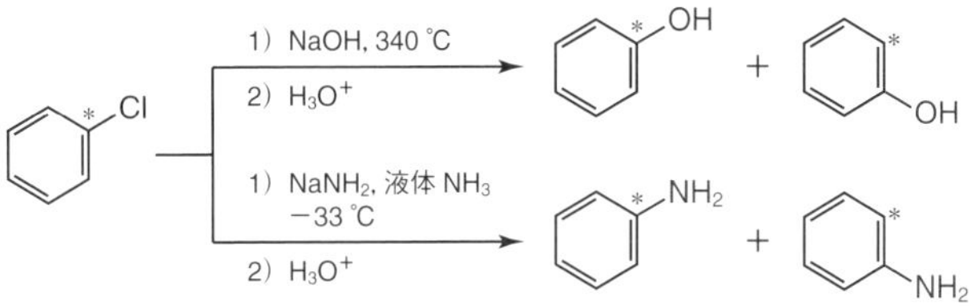

（* は炭素同位体 ^{14}C を示す）

メチル置換体の反応(9・10) でも，2 種類の異性体がほぼ等量生成する．

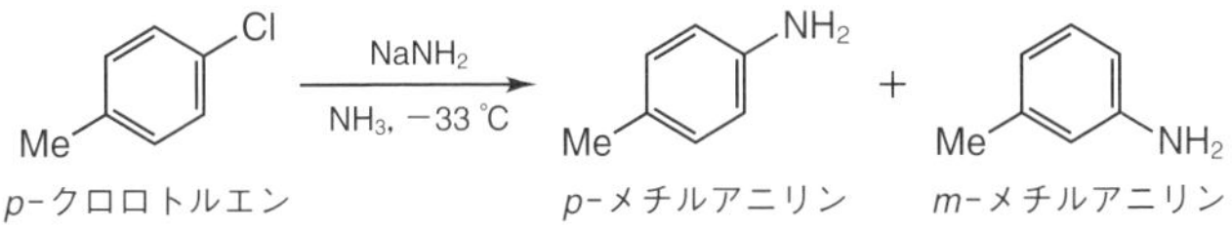

$$(9・10)$$

p-クロロトルエン　　　　　p-メチルアニリン　　　m-メチルアニリン

　このような結果は隣接位が等価になるような反応中間体を経て進んでいることを示唆している．しかも強力な塩基が反応していることを考えれば，脱離-付加による次のような反応機構が合理的である[*1]．

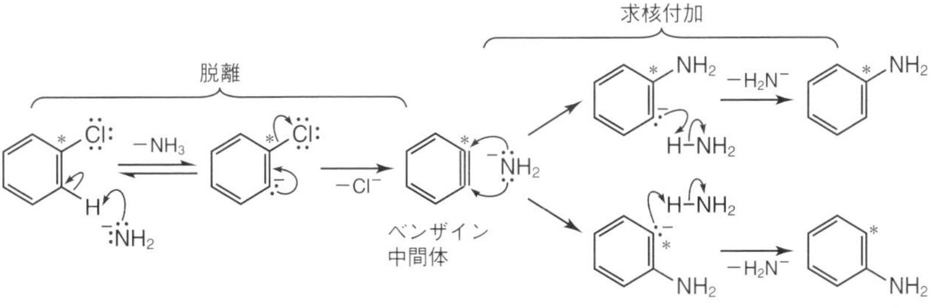

$$(9・11)$$

脱離によって生成するのは，形式的に三重結合をもつ特徴的な構造の中間体であり，**ベンザイン**（benzyne）とよばれる（脱離-付加機構はベンザイン機構ともいわ

---

　*1　脱離過程は Cl$^-$ の場合，反応(9・11) に示したように E1cB 機構で進むと考えられているが，より大きい脱離能をもつ Br$^-$ や I$^-$ の脱離は E2 機構で進む．

れる）．6員環に三重結合が含まれると大きなひずみをもつことになるが，ベンザインは図9・3のような構造で表される．三重結合の三つ目の結合は6員環平面内にある sp^2 に近い混成軌道の重なりで形成されているはずである．したがって，ベンザインへの求核攻撃は環平面内から起こる．

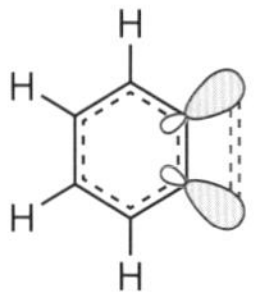

図 9・3　ベンザインの電子構造

　反応 (9・10) のメチル置換化合物はパラとメタ置換体をほぼ等量生成したが，メトキシ化合物のように極性置換基をもつ場合には，置換基の極性によって位置選択性が大きく左右される．たとえば，*o*-ブロモアニソールの反応の主生成物はメタ置換体になる．

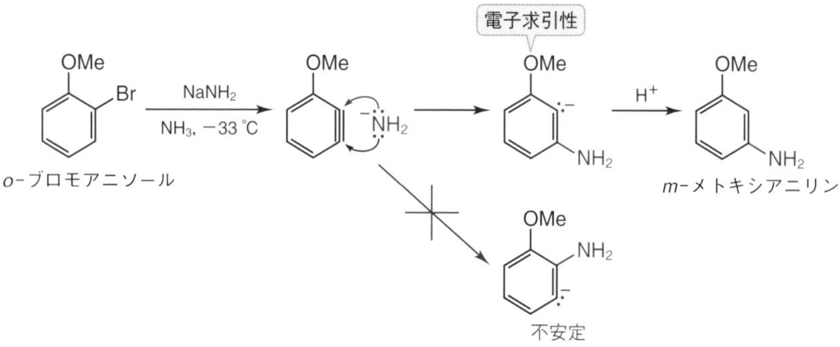

　ベンザインへの求核付加はベンザインの環平面内で起こり，生成するアニオンの負電荷は C の sp^2 混成軌道に入ってくるので，メトキシ基は誘起的な電子求引基として作用し，アニオンは近く（オルト位）に発生したほうが有利である．さらに，オルト位への攻撃には立体障害が大きく作用する（これは付加-脱離による求核置換や求電子置換の場合に求核種や求電子種の攻撃がベンゼン環の平面外から起こるのと異なっている）．その結果として，*m*-メトキシアニリンが主生成物になる．

エノールとエノラートの反応

　カルボニル化合物が求電子種として求核攻撃を受けて反応することを5章と8章で学び，カルボニル酸素が塩基中心となって酸触媒反応を受けることも述べた．カルボニル化合物にはエノールという構造異性体があり，エノールは求核種として求電子攻撃を受けるだけでなく，酸としてさらに求核性の高い共役塩基のエノラートイオンと平衡になっている．エノールが生成するのは，カルボニル基の α 位水素が酸性を示すことによる．

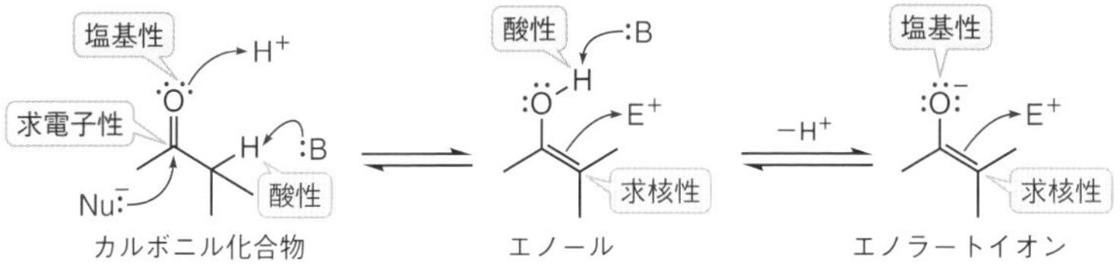

　カルボニル化合物はこのように多面的な反応性を示すが，この章では**エノール**（enol）と**エノラートイオン**（enolate ion）の反応について説明する．

10・1 エノール化
10・1・1 エノール化平衡
　エノラートイオンがカルボニル化合物の共役塩基であることについては，§2・4でカルボアニオンの一例として説明した．このとき，プロパノンの pK_a は約 19.3 であり，エノールの $pK_a \approx 11$（フェノールよりも酸性がやや弱い）と見積もれば，

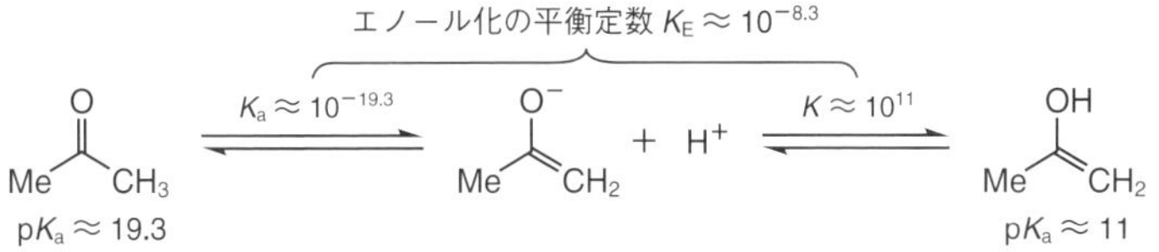

エノール化の平衡定数は $K_E \approx 10^{-8.3}$ と推定することができる．エノールに対してカルボニル化合物はケト形とよばれ，ケト形とエノール形の異性体関係を特に**互変異性**（tautomerism）という．

　代表的なカルボニル化合物のケト-エノール互変異性化の平衡定数 K_E を表 10・1 にまとめる．

表 10・1　ケト-エノール互変異性化の平衡定数[†1]

ケト形	エノール形	K_E	ケト形	エノール形	K_E
		5.9×10^{-7}			4.1×10^{-7}
		8.5×10^{-4}			0.15
		4.7×10^{-9}			

†1　$K_E = $［エノール形］/［ケト形］，水溶液中，25 ℃．
†2　フェニルエタナールのシス形エノールに対する $K_E = 4.5 \times 10^{-4}$ である．

問題 10・1　フェニルエタナールの平衡定数 K_E がエタナールよりも大きいのはなぜか．

問題 10・2　次のケトンから生成する可能性のあるエノールの構造を示し，平衡においてどちらが多く生成するか説明せよ．

(a)　　　　　(b)　

10・1・2　エノール化の反応機構

　カルボニル化合物のエノール化は酸または塩基の触媒作用によって起こる．塩基 B が α プロトンを引抜くとエノラートイオンが生成し，**塩基触媒エノール化**が起こる．このとき隣接カルボニル基が電子求引基として電子対を取込む* ことが反応の推進力になっている．ついで，エノラートイオンが BH^+ から H^+ を受取ってエノールになれば，塩基 B が再生されるので触媒反応になる．

　＊　巻矢印が示す状況に従って，π電子対の"立ち上がり"あるいはカルボニル酸素による電子引出し（プル）ということもある．

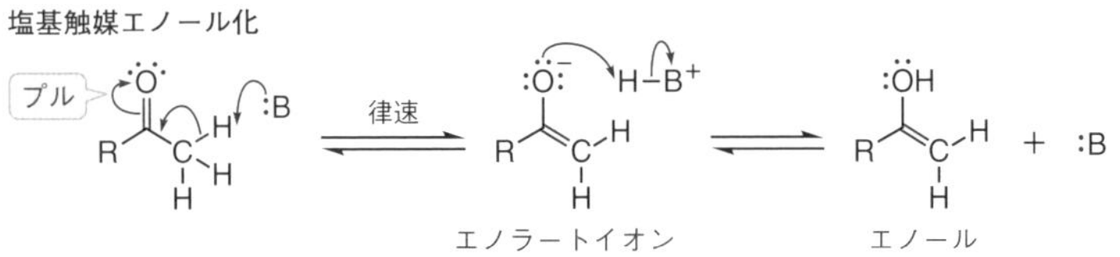

塩基触媒エノール化

問題 10・3 エノール化において，塩基として HO⁻ が反応する場合には触媒反応とはいえない．それはなぜか．

　酸触媒エノール化は，プロトン化カルボニル化合物からの α プロトンの引抜きで起こる．最初のプロトン化* は速い平衡として起こり，塩基 B による脱プロトンが律速になる．すなわち，酸によって活性化されたカルボニル化合物からのエノール化（律速段階）は，塩基触媒エノール化の律速段階と同じように起こっている．

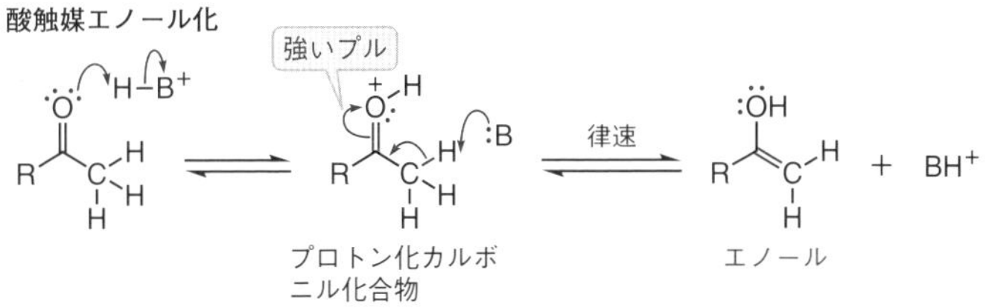

酸触媒エノール化

問題 10・4 エノール化の逆反応，エノール形からケト形になる反応をケト化という．上の酸触媒エノール化の逆反応として酸触媒ケト化の反応機構を巻矢印で表せ．

<h2>10・2 可逆的エノール化による変換</h2>

　エノール化が可逆的に起こる過程で，カルボニル化合物の構造や反応条件によっては別の化学変化が起こることがある．

---

* 酸は水溶液中で次のような平衡になっているので，プロトン化にかかわっている酸を特定することはできない．BH⁺ は H₃O⁺ と書いてもよい（BH⁺ は H₃O⁺ を含む）．

$$H_3O^+ + B \rightleftharpoons H_2O + BH^+$$

10・2・1　重水素交換

　エノール化反応を重水中で行うと，脱プロトン-再プロトン化（エノール化-ケト化）の過程でカルボニル α 位に重水素が取込まれる．この同位体交換は酸塩基触媒反応として起こる．塩基性条件におけるメチルケトンの重水素交換は次に示すように起こり，すべての α 水素が交換するまで進む．

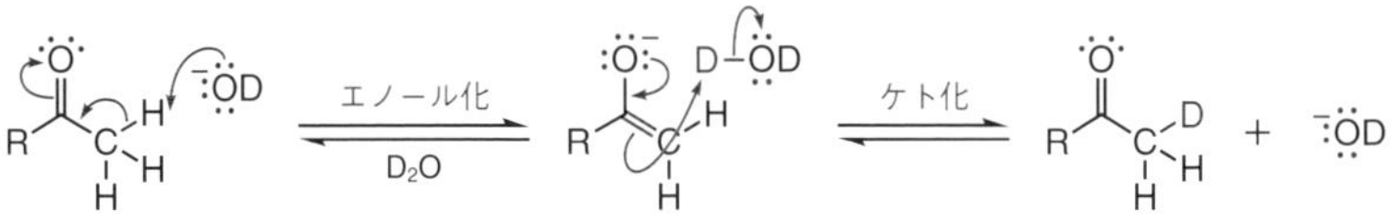

問題 10・5　この同位体交換は酸性条件でも起こる．メチルケトンの酸触媒重水素交換の反応機構を示せ．

10・2・2　ラセミ化と異性化

　キラル中心となる α 炭素に水素が結合しているような光学活性のカルボニル化合物は，次の例に示すように酸性あるいは塩基性条件でラセミ化する．エノール（またはエノラート）になるとキラリティーが失われるからである．

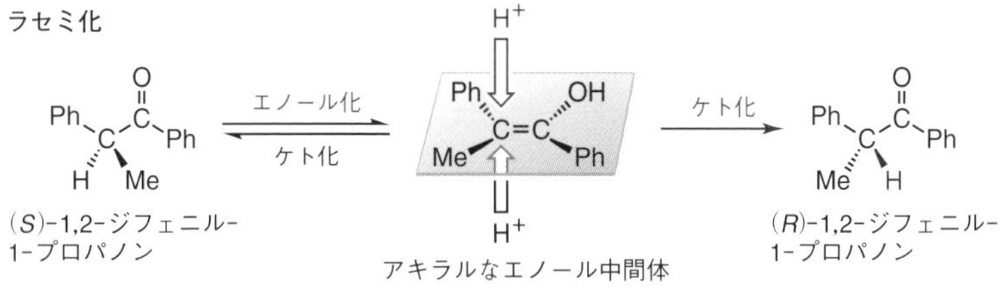

ラセミ化

(S)-1,2-ジフェニル-1-プロパノン　　アキラルなエノール中間体　　(R)-1,2-ジフェニル-1-プロパノン

　また，β,γ-不飽和カルボニル化合物は，酸性または塩基性溶液中でジエノール（またはジエノラート）を経て α,β-不飽和カルボニル化合物に異性化する．

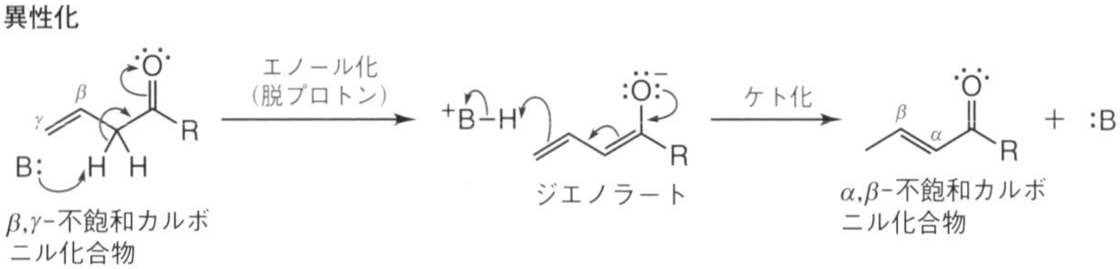

異性化

β,γ-不飽和カルボニル化合物　　ジエノラート　　α,β-不飽和カルボニル化合物

10・3 α-ハロゲン化

エノール，そしてさらにエノラートイオンは非常に求核性の高いアルケンとみなせる．エノール化の逆反応（ケト化）は，二重結合へのプロトン化であり，求電子付加の一つに過ぎない．ハロゲン存在下にエノール化が起これば，直ちにエノール（エノラートイオン）にハロゲン付加が起こり，カルボニル基のα位がハロゲンで置換された生成物を与えるので，全反応は**α-ハロゲン化**（α-halogenation）とよばれる．エノール化に比べてハロゲン付加は速いので，エノール化が律速になる．

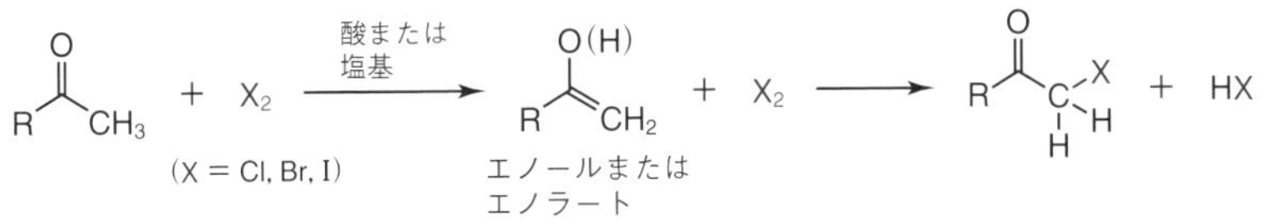

塩基存在下のα-臭素化は次のように進む．塩基性条件では副生物のHXが強酸なので塩基が消費され，触媒反応とはならない．

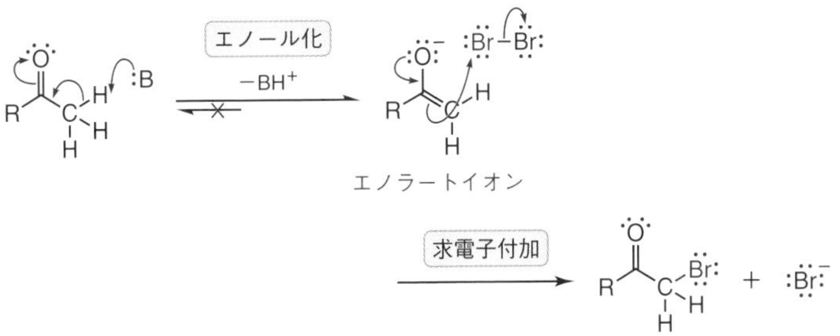

問題 10・6 エタン酸（酢酸）中におけるメチルケトンのα-臭素化の反応機構を示せ．

問題 10・7 カルボニル化合物のα-ハロゲン化の反応速度は，ハロゲンの種類に依存しない．それはなぜか．ハロゲンの濃度を変化させるとどうなるか．

10・3・1 ハロホルム反応

塩基性条件では，生成物のハロケトンは，X置換基の電子求引性のために，元のケトンよりも脱プロトンを起こしやすい．したがって，α水素があるだけエノラートイオンの生成を繰返す．その結果，α水素のハロゲンによる置換が最後まで進む．

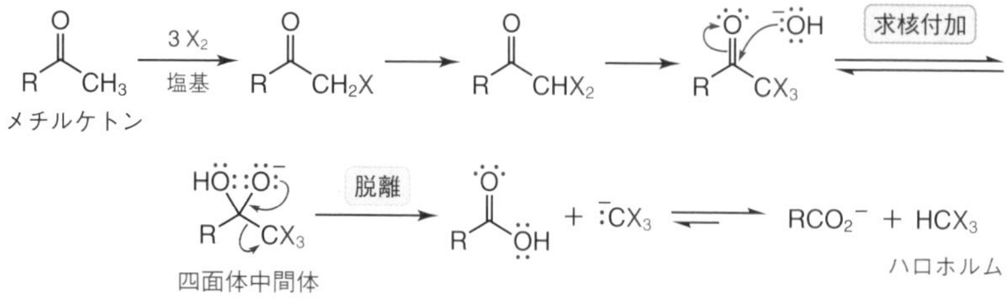

メチルケトンの場合，トリハロゲン化されるとトリハロメチル基が強い電子求引性を示し，カルボニル基への HO^- の求核付加が起こる．付加物からは，カルボン酸誘導体の四面体中間体と同じように，トリハロメチルアニオンが脱離する．このアニオンがプロトン化されるとトリハロメタン（ハロホルム）になる．この特徴的な反応はハロホルム反応とよばれている．メチルケトンからのもう一つの生成物がカルボン酸であることにも注意しよう．

10・4 アルドール反応

エノラートイオンは求核種としてカルボニル基に付加することもできる．5章でみたカルボニル付加の一つとみなせる．たとえば，アルデヒドから生じたエノラートが同じアルデヒドに付加すると，結果的に二量体の β-ヒドロキシアルデヒドが生成する．この生成物はアルドール（aldol：ald+ol）と総称され，反応はアルドール反応とよばれる．

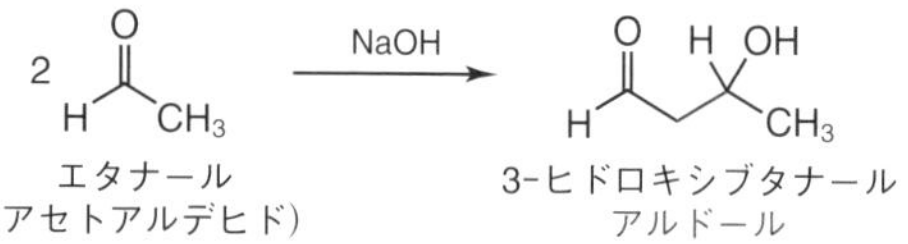

10・4・1 反 応 機 構

アルドール反応では，同じ分子が求核種と求電子種として二面的な反応性を示している．反応機構は次のように表される．

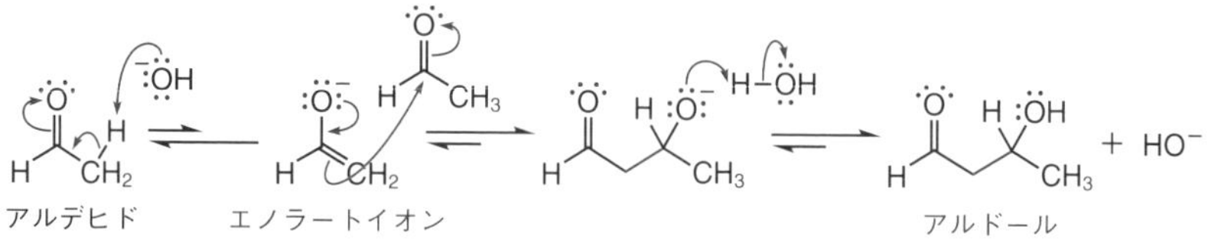

反応は可逆であり，ケトンどうしの反応では生成物が第三級アルコールになり，分子内の立体反発のために不安定で逆反応（逆アルドール反応）が起こりやすいので，通常は平衡が生成物に十分偏らない．

　問題 10・8　プロパナールの塩基触媒によるアルドール反応がどのように進むか示し，アルドール生成物の構造式を書け．

　問題 10・9　プロパノンのアルドール反応生成物の構造を示せ．

10・4・2　アルドールの脱水反応

　アルドール反応は極微量の塩基で触媒反応として進むが，塩基の量を多くして加熱するとアルドールの脱水が起こり，次の反応例のように α,β-不飽和アルデヒドが生成する[*]．

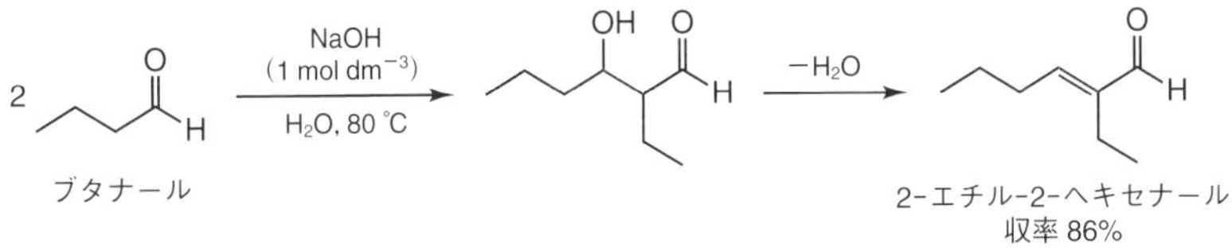

ブタナール

2-エチル-2-ヘキセナール
収率86%

　アルコールの脱水は通常は塩基性条件では起こらない（§6・3参照）が，アルドールは塩基性条件でエノラートイオン（カルボアニオン）になるので，E1cB脱離（§7・2・2）が可能になる．

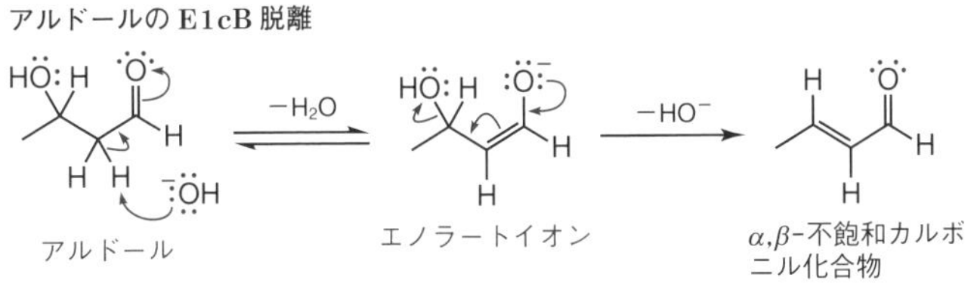

アルドールのE1cB脱離

アルドール　　　　　エノラートイオン　　　　α,β-不飽和カルボ
ニル化合物

　酸性条件では，ふつうのアルコールと同じように，アルドールの脱水反応も容易に進行する．アルドール反応は酸性条件でも起こる．そのとき生成物の脱水も進行する（例題10・1参照）．

---

　[*]　H_2O や ROH のような小分子の脱離を伴って2分子が結合する反応を，一般的に縮合（condensation）という．アルドール反応に脱水反応を含めてアルドール縮合ということもある．

例題 10・1 プロパノンの酸触媒アルドール反応がどのように起こるか示せ.

解答 酸触媒エノール化で生じたエノールがプロトン化されたカルボニル基に付加してアルドールを生じ，酸触媒脱水反応で生成物が安定化される（プロパノンのアルドール反応は塩基性条件ではうまく進まないことを§10・4・1で述べた）.

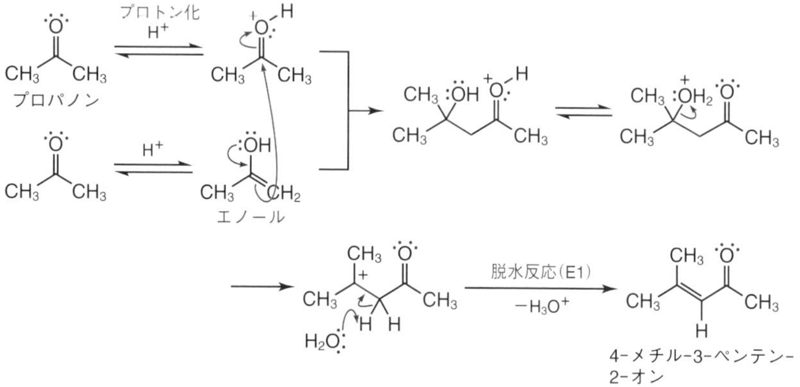

4-メチル-3-ペンテン-2-オン

10・4・3 交差アルドール反応

2種類のカルボニル化合物を混合してアルドール反応を進めると，2種類の自己反応生成物と2種類の交差アルドール反応生成物ができる．このような反応混合物はあまり有用ではないが，1成分を α 水素のないアルデヒドにすると生成物はもっと単純になる．2成分のうち一方だけからエノラートが生成し，もう一方のアルデヒドに付加しやすい条件を選べば，交差生成物の収率が高くなる.

α 水素をもたないアルデヒドとして次のようなものがある．メタナールは反応性が高く，ベンズアルデヒドなどは脱水して共役安定化した生成物を与える.

メタナール
（ホルムアルデヒド）

2,2-ジメチルプロパナール
（ピバロアルデヒド）

ベンズアルデヒド

フラン-2-カルボアルデヒド
（フルフラール）

プロパノンとベンズアルデヒドは脱水した交差生成物を与える．プロパノンの自己縮合が起こりにくいことと脱水生成物が共役安定化されていることにより，この反応が効率よく進む.

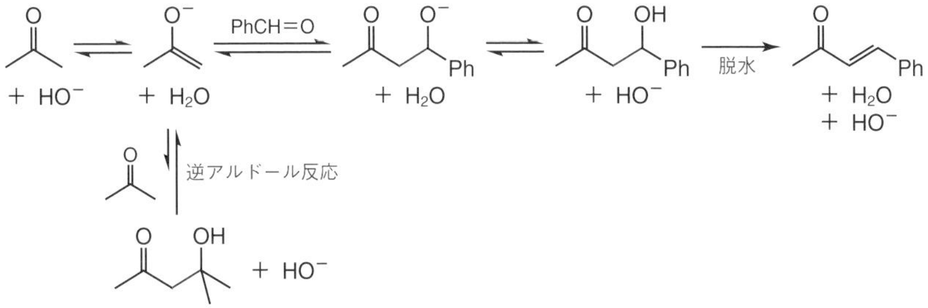

例題 10・2 イミニウム二重結合はカルボニル結合よりも求電子性が高く, 求核付加反応を受けやすい. メタナールと第二級アミンから生成したイミニウム塩はエノールと反応して, 次のようにアミノケトンを生成する. このマンニッヒ (Mannich) 反応とよばれる反応の機構を示せ.

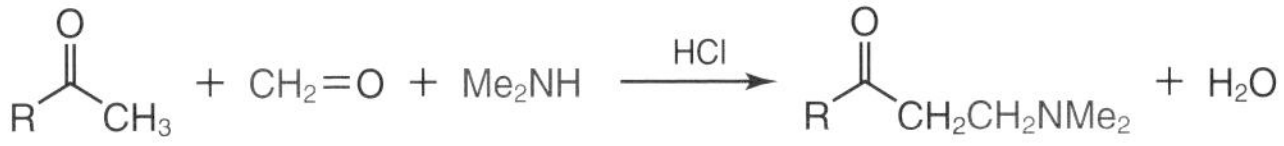

解答 イミニウム塩の生成については§5・3で解説した.

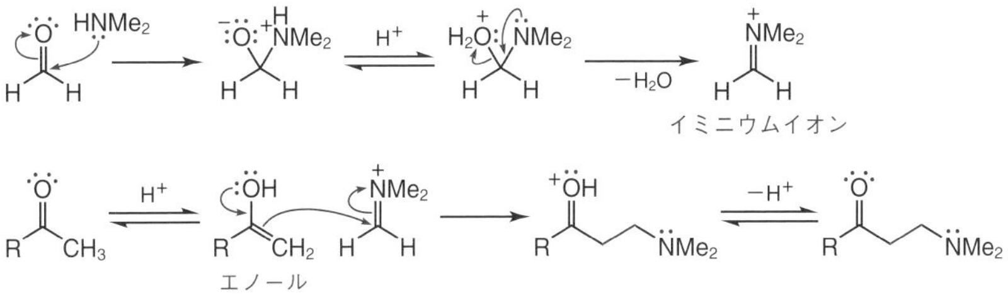

10・5 クライゼン縮合

エノラートイオンが求核種としてエステルと反応し, 求核付加-脱離で置換反応 (8章参照) を起こすと, β-ケトエステルが生成する. この反応は**クライゼン** (Claisen) **縮合**とよばれる.

10・5・1 反応機構

クライゼン縮合の一般的な反応条件と生成物の構造を図10・1に示し, 反応機構

を示した．エステルから生成したエノラートイオンが別のエステルに付加して四面
体中間体を生成し，エトキシドが脱離すると生成物の β-ケトエステルができてく
るが，この平衡反応は反応条件ではエノラートイオンに偏っている．そのために反
応に用いるアルコキシドは1当量以上必要になる．この反応混合物を酸で中和する
と生成物エノラートが最終生成物として得られる．

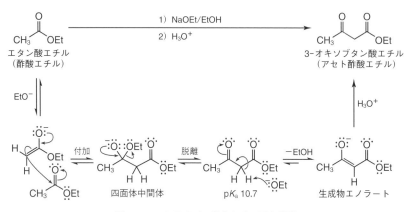

図 10・1 クライゼン縮合とその反応機構

問題 10・10 ケトンとエステルを NaOEt/EtOH で処理すると 1,3-ジケトンが得られ
る．次の反応の機構を示せ．

$$\underset{OEt}{\overset{O}{\diagdown}} \ + \ \overset{O}{\diagdown} \ \xrightarrow[\text{2) } H_3O^+]{\text{1) NaOEt/EtOH}} \ \overset{O\quad O}{\diagdown\diagdown} \ + \ EtOH$$

10・5・2 分子内クライゼン縮合

ジエステルが分子内でクライゼン縮合を起こすことも可能であり，5員環や6員
環を形成できる場合には次の例のように効率よく反応する．このような分子内クラ
イゼン縮合はディークマン（Dieckmann）縮合ともいわれる．

$$\underset{EtO}{\overset{O}{\diagdown}}\diagdown\diagdown\underset{O}{\overset{OEt}{\diagdown}} \ \xrightarrow[\text{2) } H_3O^+]{\text{1) NaOEt/EtOH}} \ \overset{O\ O}{\diagdown\diagdown}OEt \ + \ EtOH$$

問題 10・11 上のディークマン縮合の反応機構を示せ．

10・6　1,3-ジカルボニル化合物の反応

　1,3-ジカルボニル化合物の二つのカルボニル基に挟まれた位置の水素は酸性度が高く（$pK_a < 14$），水溶液中でも共役塩基（エノラートイオン）を生成する．

2,4-ペンタンジオン（アセチルアセトン）	3-オキソブタン酸エチル（アセト酢酸エチル）	プロパン二酸ジエチル（マロン酸ジエチル）
pK_a　　8.84	10.7	13.3

　この酸性度はエノラートイオンの非局在化による安定性を反映している．2,4-ペンタンジオンのエノラートは次のような共鳴で表せる．

　次のような二つの電子求引基で挟まれたメチレン(CH_2)基をもつ化合物も同じような酸性を示すので1,3-ジカルボニル化合物を含めて**活性メチレン化合物**とよばれる．

pK_a　　9	11.2	5.8	3.6

10・7　求核種としてのエノラートイオンとエノラート等価体

10・7・1　エノラートイオンの求核種としての問題点

　これまでエノラートイオン（あるいはエノール）が求核種として求電子種と反応する例をいくつかみてきたが，いずれも反応相手の求電子種の存在下にエノラートを発生させるという反応条件で反応を進めている．エノラートは溶液中で平衡的に生成し，一定量以上生成することはない．この不安定なエノラートを求電子種との反応で捕捉することによってはじめて，平衡をずらせて反応を進めることができる．しかし，このような反応条件で使える求電子種は限定される．求電子性がカルボニル基よりも十分高くなければ，アルドール反応のほうが優先的に起こる．たとえば，S_N2反応でアルキル化しようと考えて，ハロアルカンの共存下にエノラートイオンを発生しようと思ってもアルキル化よりもアルドール反応が進み，ハロアル

カンは HO⁻ や RO⁻ と反応してしまうだろう.

　一方，§10・6で説明したように，共役安定化されたエノラートは平衡的にほぼ100%までエノール化できる．これは，前駆体のカルボニル基の反応性が低いことにもよる．このようなエノラートイオン溶液に，あとから求電子種を加えて反応させることが可能になる．しかし，余分の電子求引基が結合しているので，この置換基が合成目的の邪魔になる場合には，次に述べるリチウムエノラートやエノラート等価体を使うことができる．ただし，β-ケトエステルのエステル基は，加水分解して脱炭酸すれば取除くことができる．

10・7・2　β-ケトエステルのアルキル化と脱炭酸

　エノラートイオンのアルキル化は S_N2 反応で進むので，第三級のハロアルカンではアルキル化できない．反応は RX 存在下に塩基を加えてもよいし，エノラートが生成してから RX を加えてもよい．β-ケトエステルのアルキル化と脱炭酸は図10・2に示すように進む．脱炭酸によって生じたエノールは，ケト化して最終生成物になる．

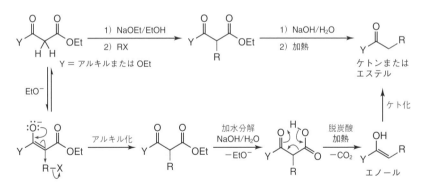

図 10・2　β-ケトエステルのアルキル化と脱炭酸

アルキル化を段階的に行えば，二つの異なるアルキル基を導入することもできる．この反応はアルキル化されたケトンまたはエステルの合成法になる．

10・7・3　リチウムエノラート

　単純なケトンは，これまで述べてきたような条件でエノール化すると共存するケトンと反応してアルドール反応を起こしてしまう．これを避けるためには，アル

ドール反応が容易に起こらないような条件で強塩基を用いて完全にエノラートに変換してから，別の求電子種と反応させればよい．そのような反応条件として，低温で，立体障害の大きい強塩基を用いてエノラートをつくる．よく用いられるのは，エーテル溶媒中のリチウムジイソプロピルアミド（LDA）である．生成したエノラートは，Li が結合しているので，**リチウムエノラート**とよばれる．

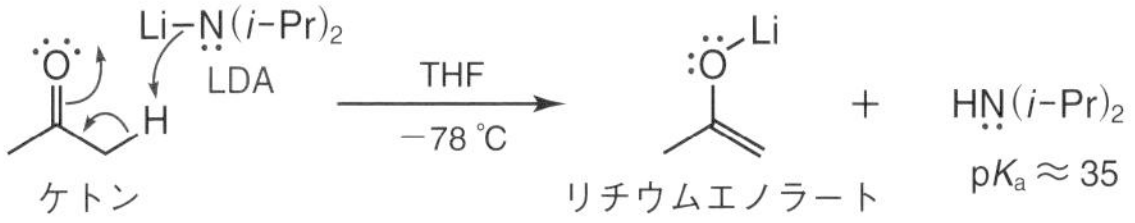

このようにして調製されたリチウムエノラートの溶液に別のカルボニル化合物を加えれば交差アルドール反応を達成できるし，ハロアルカンを加えてアルキル化（S_N2 反応）することもできる．

10・7・4　エノラート等価体

エナミンやエノールエーテルのようにエノラートイオンと等電子的で，加水分解するとカルボニル化合物になるようなものを**エノラート等価体**（enolate equivalent）という．$CH_2＝CHY$ の構造をもち，Y が非共有電子対をもつので電子豊富で，塩基を使わないでもエノラートと同じように求核種として反応できる．

エナミンについては§5・3・2で述べたが，下にあげたような反応性の高いアルキル化剤と反応してアルキル化される．単純な第一級のハロアルカンは N-アルキル化を起こす．

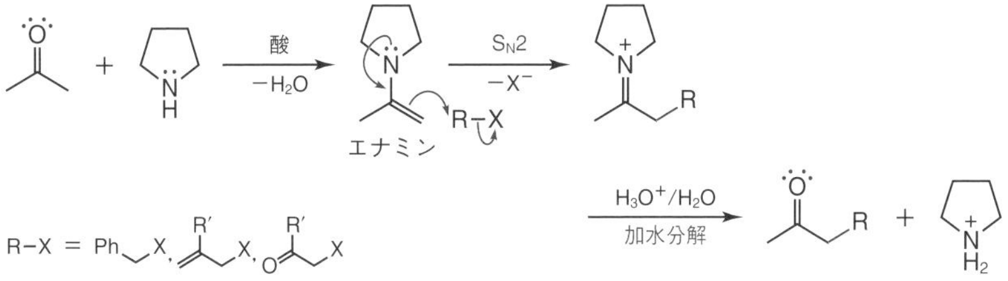

エノールシリルエーテルは通常のエノールエーテルよりも求核性が高いが，それでもエナミンほど求核性が高くなく，求電子性の高いアルキル化剤を使う必要がある．$TiCl_4$ や $SnCl_4$ のようなルイス酸存在下に第三級ハロアルカンを用いるとカルボカチオンによるアルキル化が起こる．

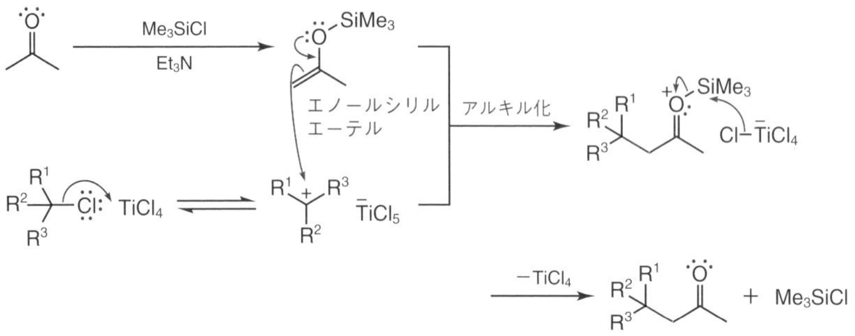

また，ルイス酸とともにアルデヒドやケトンと反応させ，ついで加水分解すれば（交差）アルドール生成物が得られる．この反応は向山アルドール反応とよばれる．

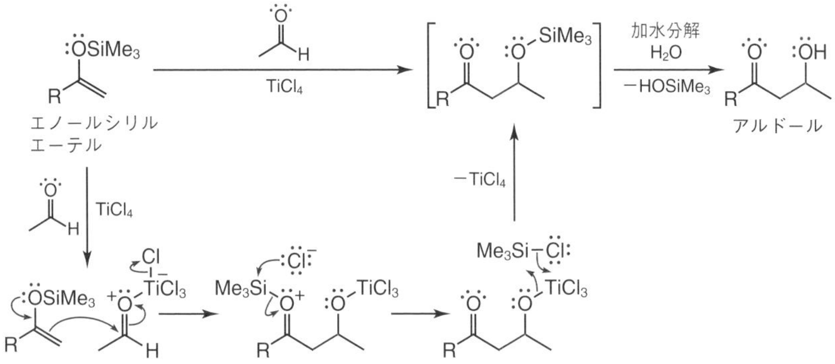

10・8 α,β-不飽和カルボニル化合物との反応

10・8・1 マイケル反応

§5・4で学んだように，α,β-不飽和カルボニル化合物（エノン）のC=C二重結合はカルボニル基の助けによって，求核種の共役付加を受ける．エノラートイオンの共役付加は特にマイケル（Michael）反応とよばれる．反応の一例を次に示す．

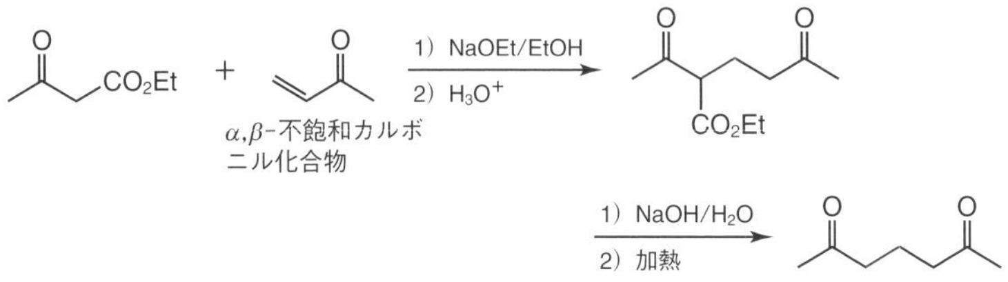

生成物は加水分解して脱炭酸すると 1,5-ジケトンになる.

問題 10・12　前ページに反応例として示したマイケル反応がどのように進むか示せ.

問題 10・13　エナミンもエノンに共役付加する. 次の反応の機構を示し, 付加生成物の加水分解で得られる生成物の構造式を書け.

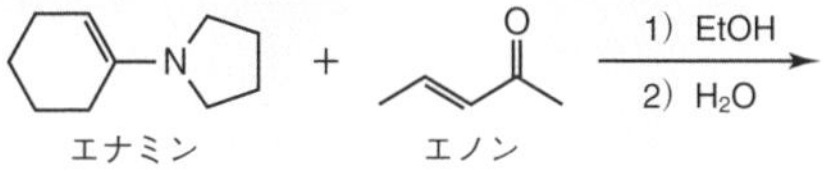

10・8・2　ロビンソン環化

マイケル反応に続いて分子内アルドール反応が起これば, 二つの C−C 結合形成によって環状化合物が得られる. このような反応は**ロビンソン環化**（Robinson annulation）とよばれる.

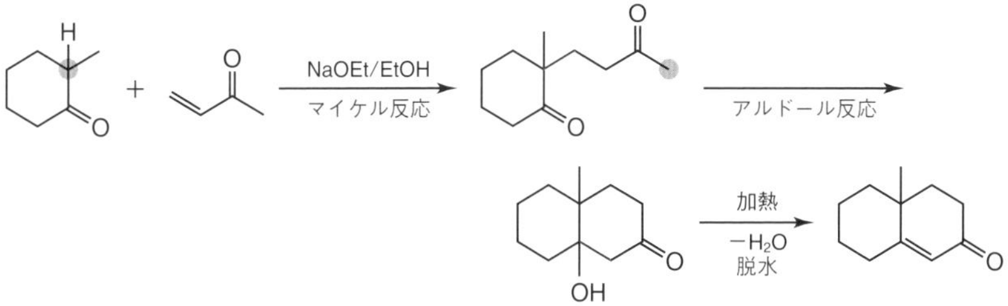

問題 10・14　上のロビンソン環化の反応機構を示せ.

酸・塩基触媒から
有機分子触媒への展開

　ここまでいろいろな化合物の極性反応を一通り学んできた．そのなかで不飽和化合物や酸素化合物の反応には酸触媒がかかわることが多く，カルボニル化合物の反応には酸だけでなく塩基も触媒作用を示した．酸・塩基触媒は生体反応にも深くかかわっており，酵素反応機構の理解も酸・塩基触媒反応の研究に基づいている．

　この章では，これらの酸・塩基触媒反応の共通原理を反応機構の立場からまとめ，最近発展してきた有機分子触媒の考え方についても説明する．酸塩基反応と酸解離定数については2章で説明した．

11・1 プロトン移動の速さと触媒反応機構の種類

11・1・1 プロトン移動の速度

　水溶液中における酸・塩基触媒反応にはブレンステッド酸・塩基がかかわり，プロトン移動を含んでいる．酸性水溶液に弱塩基性の有機反応基質 S を溶かすと，共役酸 HS^+ を生じ，反応が促進され，酸触媒反応になる．ここで起こるプロトン移動

表 11・1　代表的な酸塩基反応(11・1)におけるプロトン移動の速度定数[†1]

No.	HA	pK_a	k_f / s^{-1}	$k_r / mol^{-1} dm^3 s^{-1}$
1	H_2O	15.7	42.5×10^{-5}	1.4×10^{11}
2	H_3O^+	-1.74	1×10^{10}	$1 \times 10^{10} (s^{-1})$
3	HF	3.17	7.0×10^7	1.0×10^{11}
4	$MeCO_2H$	4.76	7.8×10^5	4.5×10^{10}
5[†2]	$ImdH^+$	6.99	1.8×10^3	1.5×10^{10}
6	NH_4^+	9.24	25	4.3×10^{10}
7[†3]	$NH_4^+ + HO^- \rightleftharpoons NH_3 + H_2O$		3.4×10^{10}	6.0×10^5

†1　25 ℃.
†2　Imd はイミダゾール.
†3　20 ℃における HO^- を塩基とする反応.

の可逆反応は一般に非常に速いが，その速度が反応機構に関係している．

そこで，水溶液中における代表的な酸塩基反応(11·1)の速度定数を表11·1にまとめる．

$$HA + H_2O \underset{k_r}{\overset{k_f}{\rightleftharpoons}} A^- + H_3O^+ \tag{11·1}$$

正方向の速度定数 k_f は，HAから溶媒の H_2O へのプロトン移動に対応し，擬一次速度定数[*1]になっている．逆反応は H_3O^+ から弱酸の共役塩基 A^- へのプロトン移動であり，**拡散律速**[*2](diffusion control)で起こっている（$k_r = 10^{10} \sim 10^{11} \, mol^{-1} \, dm^3 \, s^{-1}$）．

特に速いのは No.1 の逆反応(11·2)であり，その速度定数は $1.4 \times 10^{11} \, mol^{-1} \, dm^3 \, s^{-1}$ である．この反応は，通常の拡散とは異なり，水素結合ネットワークをもつ H_2O 溶媒中でリレーするように H−O 結合の組換えが起こることによって進むと考えられている．反応(11·2)の速度定数は氷の中では，さらに大きく $8.6 \times 10^{12} \, mol^{-1} \, dm^3 \, s^{-1}$ になる．

$$H_3O^+ + HO^- \longrightarrow H_2O + H_2O \tag{11·2}$$

以上のように，ヘテロ原子間のプロトン移動は一般的に非常に速いが，炭素原子を含むプロトン移動はかなり遅い．たとえば，プロパノンの HO^- によるエノール化〔反応(11·3)〕の二次速度定数は $27 \, mol^{-1} \, dm^3 \, s^{-1}$ に過ぎない．

$$\tag{11·3}$$

11·1·2 特異酸触媒反応と一般酸触媒反応

10章でみたアルコールやカルボニル化合物の酸触媒反応では，酸による平衡的な O-プロトン化（前段平衡）で反応基質が活性化されてから，C−O 結合切断や求核付加の主要な化学変化が起こる機構を考えた．すなわち，非常に速いヘテロ原子間のプロトン移動平衡が達成されてから律速的な化学変化が進む．この機構は反応基質Sと生成物Pを用いて，反応(11·4a)と反応(11·4b)で表され，酸は前段平衡にかかわっている．

---

　*1　溶媒分子との反応は，溶媒の濃度が変化しないのでみかけ上の一次反応になっている．そのような反応の速度定数を擬一次反応速度定数（pseudo-first order rate constant）という．
　*2　拡散律速の反応では，二つの分子種が出合ったら，そのままエネルギー障壁なく反応を起こす．一般に強酸から弱酸を生成するような（熱力学的に有利な）プロトン移動は拡散律速になる．

$$S + HA \underset{}{\overset{K_1}{\rightleftharpoons}} SH^+ + A^- \qquad (11 \cdot 4a)$$

$$SH^+ \underset{律速}{\overset{k_2}{\longrightarrow}} P \qquad (11 \cdot 4b)$$

　この反応の速度は，式(11・4c)のようにHAの酸解離定数K_a（§2・2参照）を使って書き直すと，HAの種類に関係なく[H_3O^+]のみに，すなわちpHのみに依存することがわかる．したがって，一定のpHで観測される擬一次速度定数k_{obsd}は式(11・4d)で表される．

$$速度 = k_2[SH^+] = k_2\left(K_1\frac{[HA][S]}{[A^-]}\right) = \left(\frac{K_1 k_2}{K_a}\right)[H_3O^+][S] \quad (11 \cdot 4c)$$

$$k_{obsd} = \left(\frac{K_1 k_2}{K_a}\right)[H_3O^+] \qquad (11 \cdot 4d)$$

この形式の反応は，酸の中でH_3O^+だけに依存するので，**特異酸触媒反応**（specific acid-catalyzed reaction：SAC）とよばれる*.

　一方，反応(11・3)に示したように，炭素原子を含むプロトン移動はかなり遅い．このような反応，すなわち，プロトン移動に炭素原子がかかわる反応は，一般的にプロトン移動段階が律速になる．アルケンの酸触媒水和反応がその例であるが，ヘテロ原子へのプロトン移動が律速になる反応もある（§11・2・3参照）．

　この形式の反応は式(11・5a)のように表せ，酸は律速段階に直接関係している．中間体Iは必ずしも存在しなくてよい．この反応の速度は，溶液に含まれる種々の酸HAの強さと濃度に依存し式(11・5b)のように表される．このような触媒反応は**一般酸触媒反応**（general acid-catalyzed reaction：GAC）とよばれる．

$$S + HA \underset{律速}{\overset{k_{HA}}{\longrightarrow}} I \overset{速い}{\longrightarrow} P \qquad (11 \cdot 5a)$$

$$速度 = k_{HA}[HA][S] \quad または \quad k_{obsd} = k_{HA}[HA] \qquad (11 \cdot 5b)$$

11・1・3 二つの機構の見分け方

　この二つの触媒反応機構は，速度論的な実験によって見分けられる．緩衝液を使ってpHを一定に保ちながら，緩衝剤（したがって，HA）の濃度を変えて，反応

＊　H_3O^+が酸として強いから唯一の触媒になるという記述がよくみられるが，式(11・4c)のような変換でH_3O^+だけに依存するということになる．平衡において生成物SH^+にAが含まれないので，反応速度はHAの種類に関係ないと考えてもよい．

速度を測定すれば区別できる．図11・1に示すように，特異酸触媒反応（SAC）の速度は［HA］によらず一定であるが，一般酸触媒反応（GAC）は［HA］とともに速度が増大する．

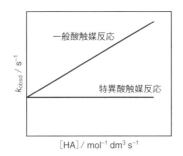

図 11・1 緩衝液（pH 一定）における酸触媒反応の速度変化

律速段階にプロトン移動がかかわっているかどうかは，反応速度に対する重水素同位体効果によって見分けることもできる*が，ここでは述べない．塩基触媒については§11・3で説明する．

問題 11・1 図11・1において，GAC の k_{obsd} はどう表されるか．式を書け．

11・2 酸触媒反応の例

11・2・1 特異酸触媒反応

これまでの章でみた酸触媒反応のなかで，第一段階として酸触媒 H_3O^+ から有機化合物の酸素へのプロトン移動平衡を含む反応機構（SAC）で進む例には，次のようなものがある．

・アルコールの酸触媒脱水反応（§6・3・1）
・エポキシドの開環反応（§6・5・1）
・アセタールの加水分解（§5・1・4）
・エステルの加水分解（§8・1・2）

カルボニル化合物の酸触媒水和反応も，O-プロトン化から始まる反応として，典

---

* 奥山 格，"有機反応論"，§6・2，東京化学同人（2013）参照．

型的な SAC のように書いた（§5・1・2）．しかし，この反応は，H_2O の付加の段階に弱塩基がかかわり，見掛け上 GAC になることも多い（§11・3・2）．

11・2・2　一般酸触媒反応

　溶液中で一番強い酸は溶媒分子の共役酸であり，水溶液では H_3O^+ である．HA で表した一般酸は弱酸で，通常 pK_a 0〜14 のものを考える．

　これまでみてきた反応のなかで，アルケンの酸触媒水和反応（§4・1・2）が代表的な GAC である．しかし，アルケンの反応性は一般的に低く，反応に強酸が必要となるので，弱酸の触媒作用を調べることはむずかしい．そこで，反応性の高いビニルエーテル（エノールエーテル）の反応が詳しく調べられている．この水和反応の生成物はヘミアセタールであり，さらに反応して結果的に酸触媒加水分解になる．

ビニルエーテルの酸触媒加水分解

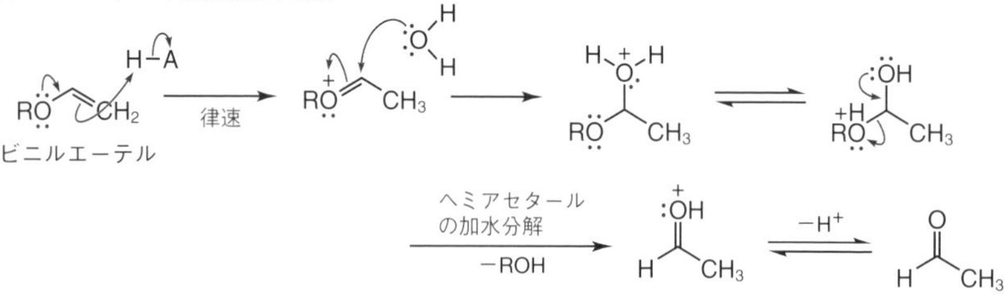

11・2・3　反応機構の変動

　アセタールの酸触媒加水分解は代表的な SAC の例であり，反応機構は問題 5・4 でも取上げたが，反応(11・6) のような多段階反応である．おもな中間体が (**B**)〜(**D**) と三つある〔中間体 (**D**) の H^+ の位置を区別していない〕．平衡的なプロトン

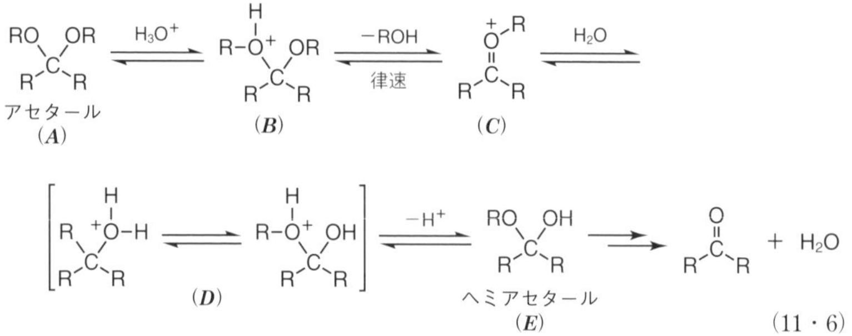

移動により中間体（**B**）を経て，SAC として進む.

　一方，よく似たオルトエステルの酸触媒加水分解〔反応(11・7)〕は GAC で進むことがわかっている. この違いはどこからくるのだろうか.

$$
RC(OR)_3 \xrightarrow{HA} \left(\begin{array}{c} OR \quad H \cdots A \\ | \quad \delta^- \\ R-C \cdots OR \\ \delta^+ \\ OR \end{array} \right)^{\ddagger} \xrightarrow{-ROH}
$$

オルトエステル　　　　　　遷移構造
（**A′**）

$$
\tag{11・7}
$$

ヘミオルトエステル
（**C′**）　　　　　（**E′**）

　二つの反応のエネルギー関係は図11・2のように表せる. 反応(11・6)では，アセタール（**A**）からヘミアセタール（**E**）になるまで，（**B**），（**C**），（**D**）の三つの中間体を経て進む. オルトエステル（**A′**）も同じように反応すると考えられるが，ジアルコキシカルボカチオン（**C′**）* がアルコキシカルボカチオン（**C**）* に比べて大きく安定化されている. そのためにオルトエステル加水分解においては中間体のカルボカチオン生成のエネルギー障壁がほとんどなくなり，プロトン移動と同時にC–O 結合切断が起こるのであろう. その遷移構造は，反応(11・7)に示したように

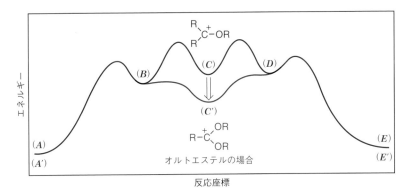

図 11・2　アセタールとオルトエステルの酸触媒加水分解のエネルギー変化

---

*　（**C**）や（**C′**）がアルコキシカルボカチオンにほかならないことは共鳴寄与式を書いてみればわかる.

表される.

11・3 塩基触媒反応

塩基触媒反応も特異塩基触媒反応と一般塩基触媒反応に分けて考えることができる.

11・3・1 特異塩基触媒反応と一般塩基触媒反応

特異塩基触媒反応 (SBC) は,基質 SH について反応(11・8a)と反応(11・8b)のように表せ,反応速度定数は SAC の場合と同じように変換して式(11・8c)の関係で表される.HO^- による脱プロトンを前段平衡として進む反応である.ここで,K_w は水のイオン積である.

$$SH \ + \ B \ \underset{}{\overset{K_1}{\rightleftharpoons}} \ S^- \ + \ BH^+ \qquad (11 \cdot 8a)$$

$$S^- \ \underset{律速}{\overset{k_2}{\longrightarrow}} \ P \qquad (11 \cdot 8b)$$

$$k_{obsd} = \left(\frac{K_1 K_{BH^+} k_2}{K_w} \right) [HO^-] \qquad (11 \cdot 8c)$$

代表的な反応例としてヘミアセタールの塩基触媒分解反応がある.HO^- が再生されるので触媒反応になっている.

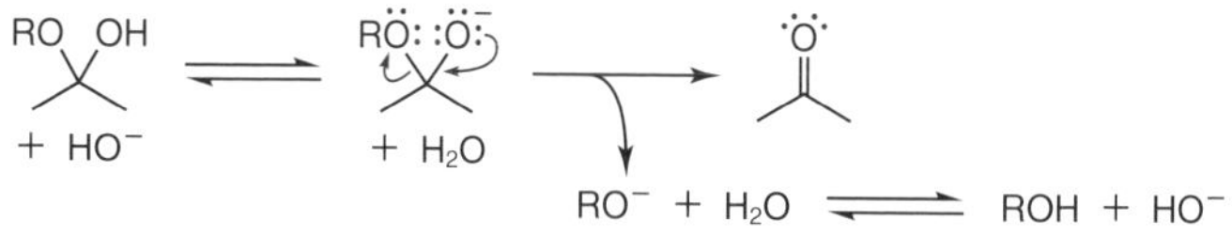

問題 11・2　2-クロロエタノールの塩基による環化反応も SBC 類似の反応になる.この反応を式で示し,触媒反応にならない理由を指摘せよ.

一般塩基触媒反応 (GBC) の代表例はエノール化 (§10・1・2) であり,エノール化を経て進む反応は数多く知られている.この機構では,炭素からの脱プロトンが律速になっている.E2 脱離反応 (§7・2) も律速に塩基がかかわっており,GBC の機構で書かれるが,強塩基を必要とするためにあまり GBC の観点からは調べられていない.

11・3・2 特異酸-一般塩基触媒反応

平衡的な O-プロトン化に続いて一般塩基による脱プロトンが起こるような反応機構もよくみられる．反応は形式的に反応(11・9a)のように書くことができ，反応速度は式(11・9b)で表される．

$$\text{S} + \text{HA} \underset{}{\overset{K_1}{\rightleftharpoons}} \text{SH}^+ + \text{A}^- \xrightarrow[\text{律速}]{k_2} \text{P} \qquad (11 \cdot 9\text{a})$$

$$速度 = k_2[\text{SH}^+][\text{A}^-] = k_2 K_1[\text{HA}][\text{S}] \qquad (11 \cdot 9\text{b})$$

すなわち，速度定数が単に $[\text{HA}]$ に比例するので，反応速度を調べると GAC と同じ形式になってしまう．このような反応機構は特異酸-一般塩基触媒反応とでもいうべき反応であり，"見掛け上の GAC"ともよばれ，多くの例がある．その代表は，酸触媒エノール化と関連反応である．

酸触媒エノール化

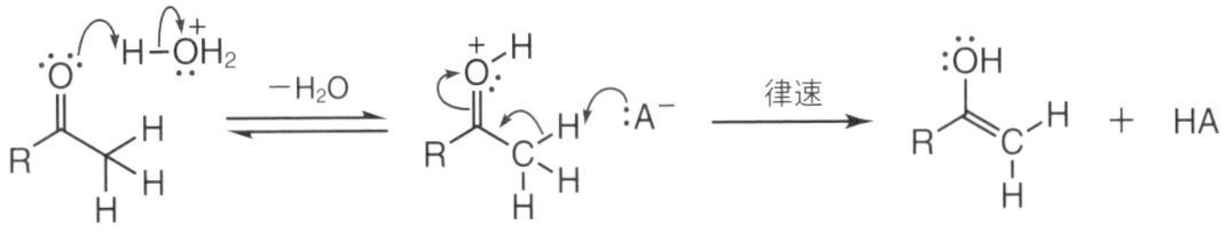

プロトン化カルボニル化合物　　エノール

アルデヒド水和物の脱水反応にみられる GAC もこの機構に分類できる．

アルデヒド水和物の脱水反応

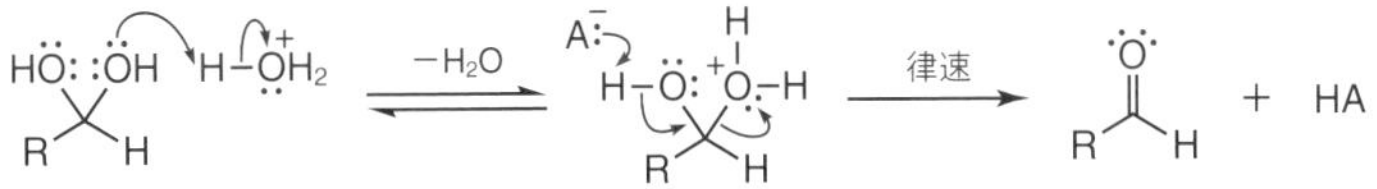

問題 11・3　アルデヒドの一般酸触媒水和反応がどのように起こるか，巻矢印を使って表せ．

11・4 ブレンステッド則と二官能性触媒

一般酸・塩基触媒反応では酸や塩基の強さとともに触媒効果も大きくなる．したがって，HA（または BH^+）の pK_a と触媒反応速度定数に相関関係が出てくる．典

型的な例はビニルエーテルの酸触媒加水分解であり，その一例を図 11・3 に示す．GAC の触媒定数 k_{HA} の対数値と HA の pK_a が直線関係〔式(11・10)〕になっている．塩基触媒反応でも同じような関係が得られる．

$$\log k_{HA} = -\alpha\, pK_a + 一定値 \tag{11・10}$$

このような関係を**ブレンステッド則**（またはブレンステッド関係）という．直線の傾きを示す係数 α は 0〜1 の値になり，遷移状態におけるプロトン移動の程度と関係していると考えられている．

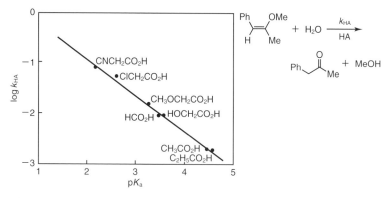

図 11・3　2-メトキシ-1-フェニルプロペンの酸触媒加水分解におけるカルボン酸の触媒作用．A. J. Kresge, H. J. Chen, *J. Am. Chem. Soc.*, **94**, 2818(1972).

問題 11・4　エタン酸を触媒とする 2-メトキシ-1-フェニルプロペンの加水分解を段階的な反応式で表せ．

　カルボン酸エステルの反応における四面体中間体の分解過程〔反応(11・11)〕* における GAC は，最初のプロトン化とメタノールの脱離が連動して律速になるものと結論されている．反応機構はオルトエステルの加水分解〔反応(11・7)〕とよく似ている．反応(11・11) のブレンステッド関係は図 11・4 のようになり，$\alpha = 0.46$ で

$$\tag{11・11}$$

---

* 反応(11・11) に使われた四面体中間体は，メチル安息香酸の加水分解の四面体中間体の OH の一つを OMe に換えて単離できるようにしたものであり，メタノーリシスの中間体に相当する．

ある.

問題 11・5　反応(11・11) の機構を巻矢印で表せ.

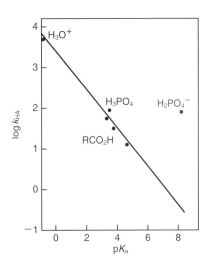

図 11・4　反応(11・11) における一般酸触媒のブレンステッド関係.
M. A. McClelland, G. Patel, *J. Am. Chem. Soc.*, **103**, 6912 (1981).

　図 11・4 のブレンステッド関係で顕著な点は, $H_2PO_4^-$ の点が直線から大きく上にずれていることである. このずれは, $H_2PO_4^-$ の触媒定数が同じ強さの酸に比べて数百倍大きいことを意味している. リン酸のこのような大きな効果は他のカルボン酸誘導体の反応にもみられ, 反応(11・11a) に示すように, リン酸イオンが**二官能性触媒*** として働いているためであると説明されている. すなわち, リン酸という一つの官能基が酸と塩基の機能を連動して (二官能的に) 発揮して, 反応は 1 段階で達成される.

---

*　二つの官能基が一つの分子に組込まれた二官能基型触媒もあるが, 一つの官能基が二面的に働く場合とは区別されるべきであるということが, 有機分子触媒の研究の過程で指摘された.

11・5 求核触媒と共有結合触媒

塩基は求核種として反応することもできるので，触媒が脱プロトンにかかわるのではなく，炭素に付加して触媒作用を発揮することがある．このような触媒は**求核触媒**（nucleophilic catalyst）とよばれる．実験的に塩基触媒と求核触媒を区別することはむずかしい*が，求核触媒反応は**共有結合した中間体をつくる**という点で塩基触媒反応とは大きく異なる．そのために**共有結合触媒**（covalent catalysis）といわれることもある．しかし，共有結合中間体を観測できることはまれである．

　代表的な例は，カルボン酸誘導体（酸無水物やエステル）の加水分解に対する第三級アミンの触媒作用である．イミダゾールによるフェニルエステルの加水分解は反応(11・12a)のように進む．塩基触媒反応として反応(11・12b)のように進む可能性も考えられるが，アシルイミダゾールが中間体として観測できることから求核触媒機構が証明された．

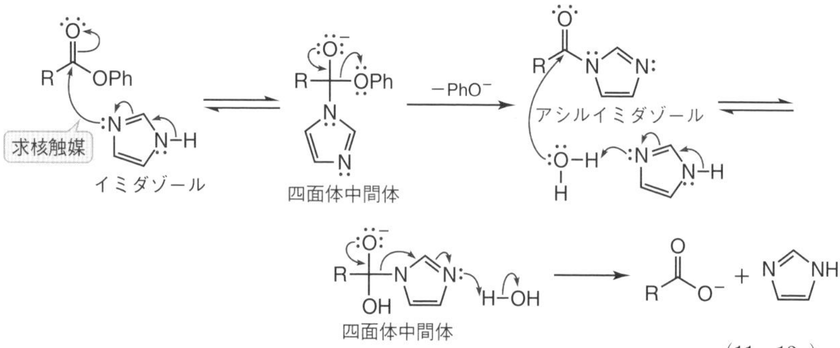

$$(11 \cdot 12a)$$

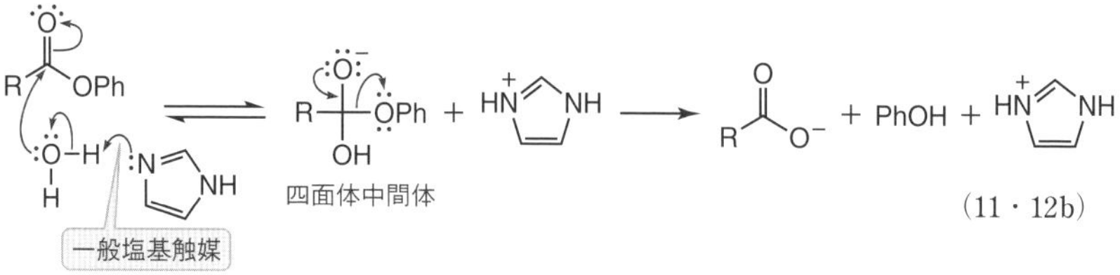

$$(11 \cdot 12b)$$

問題 11・6　4-ジメチルアミノピリジン（DMAP）は優れた求核触媒になる．無水酢酸からエステルを合成する反応において，DMAP がどのように触媒作用を示すか，巻矢印で表せ．

---

　*　求核攻撃は立体障害を伴うことが多く，塩基性と求核性は必ずしも直線関係にあるわけではないので，ブレンステッド関係の直線からのばらつきが多くなる．

　前ページでは第三級アミンが求核触媒になる例をみたが，第一級あるいは第二級アミンとカルボニル基の反応では，イミニウムイオン（あるいはイミン）が中間体となる反応を設計できる．イミンのpK_{BH^+}は，通常 6 程度であり，中性に近い条件でイミニウムイオンになっている．イミニウムイオンの求電子性はカルボニル基よりも高いので，その生成と加水分解が十分速ければ，第一級または第二級アミンもイミニウムイオンを中間体とする触媒になる．さらに，エナミンを形成すると求核性中間体となり，求電子種のかかわる反応を効率よく進めることもできる[*]．このような反応も求核触媒反応の一つであるが，中間体が安定であることもあって共有結合触媒とよばれることが多い．

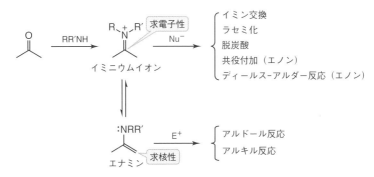

図 11・5　イミニウムイオンあるいはエナミンを中間体とする触媒反応

　たとえば，アニリンは 3-ケトブタン酸の脱炭酸の触媒になる．この脱炭酸は，通常酸性条件で加熱して行われるが，アニリンを用いると弱酸性で室温でも起こる．

　このようなイミニウムイオンを中間体とする共有結合触媒反応は，生体反応にもよくみられ，有機分子触媒にも応用されている．最も典型的な生体反応の例として，補酵素ピリドキサールリン酸（PLP，ビタミン B_6）の反応がある．PLP は酵素（タンパク質）のリシン残基のイミンとして PLP-酵素の形になっており，イミン交

---

[*]　イミニウムイオンは LUMO を低下させて求核攻撃を促進し，エナミンは HOMO を上げて求電子攻撃を促進しているといえる．

換でアミノ酸と結合し，アミノ酸の種々の変換反応の触媒になる．

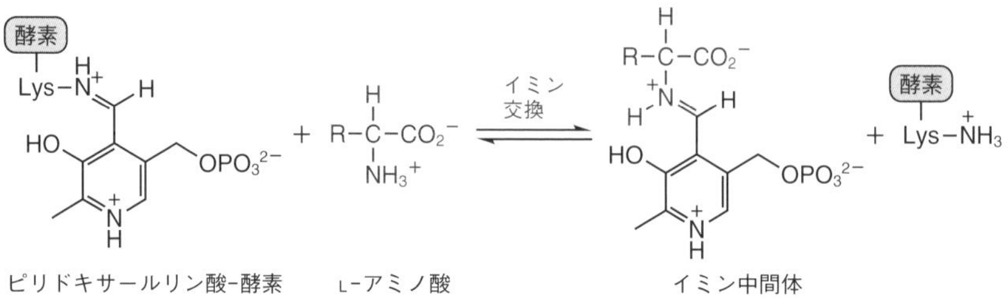

ピリドキサールリン酸-酵素   L-アミノ酸   イミン中間体

　アミノ酸のイミン中間体から脱プロトンあるいは**脱炭酸**で生じた中間体は，図11・6に示すような共鳴混成体で表される（Yは残っている CO_2^- または H を示す）．

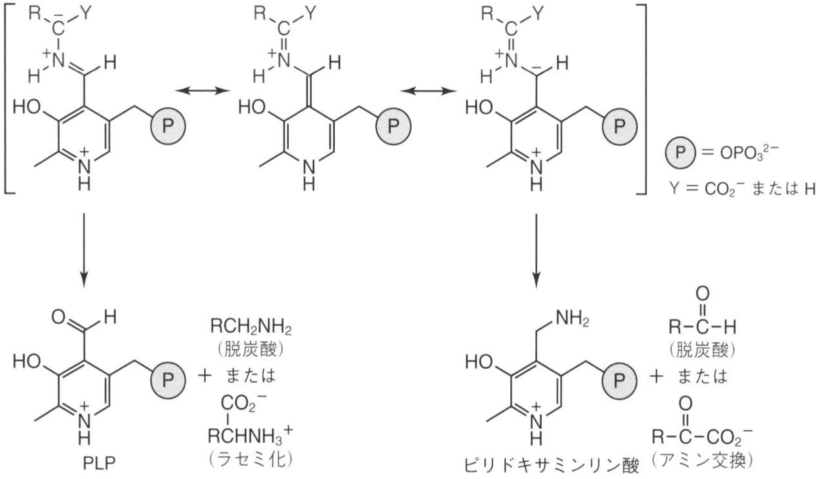

図 11・6　PLP のイミン中間体の共鳴と生成物

脱プロトンと再プロトン化で**ラセミ化**が起こり，中間体を加水分解するとラセミ化したアミノ酸と**アミン交換**で生じた α-ケト酸が生成する．一方，脱炭酸中間体の加水分解生成物はアミンとアルデヒドである．PLP はそのまま回収されるか**ピリドキサミンリン酸**になる．ピリドキサミンリン酸は逆反応の求核触媒になり，PLPを再生する．

　この反応では，ピリドキサール（アルデヒド）は求電子種としてイミンを形成す

るので**求電子触媒**（electrophilic catalyst）の一つである．次にあげるルイス酸触媒も求電子触媒に分類できる．

11・6　ルイス酸触媒

ルイス酸触媒としては金属ハロゲン化物が使われることが多く，反応は非プロトン性溶媒中で行われる．もっと一般的に金属錯体を用いて選択的な反応が数多く達成されているが，本書の範囲を超えるので割愛する．

ルイス酸触媒反応として，すぐに思いつくのは9章で学んだ芳香族求電子置換反応である．ハロゲンやハロアルカンがルイス酸によって活性化され，反応が促進される．また，§10・7・4にはエノールシリルエーテルの活性化にルイス酸を用いる例があった．

ディールス-アルダー反応にルイス酸を加えると，次の例に示すように，ジエノフィルが活性化されて反応が速くなるだけでなく，選択性が向上する．カルボニル基にルイス酸が配位してLUMOを下げるとともに，LUMOの偏りを大きくしてHOMO-LUMO相互作用の差を増大させるからである．

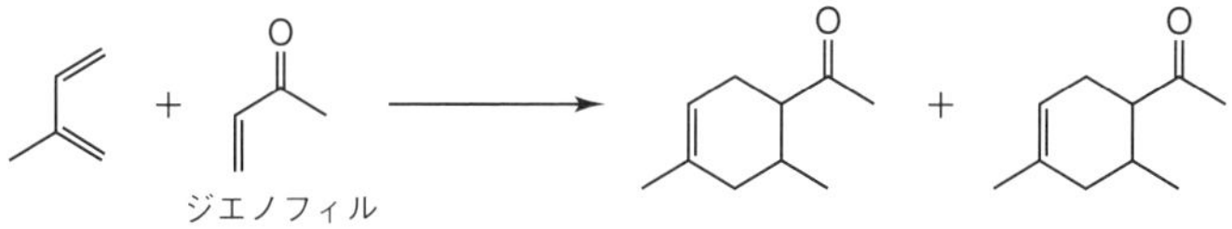

ジエノフィル		
トルエン（封管）, 120 ℃	71 : 29	
$SnCl_4 \cdot 5\,H_2O$, 0 ℃	93 : 7	

11・7　有機分子触媒

20世紀後半の有機合成には遷移金属錯体を触媒とする反応が応用され，効率的な合成反応が開発されてきた．2000年前後から，有機分子を触媒とする触媒反応が有機合成に応用され，キラル触媒の開発を中心に新しい展開をみせている．**有機分子触媒**（organocatalyst，単に有機触媒ともいう）とよばれるこれらの触媒は，共有結合触媒あるいは酸・塩基触媒の考え方に基づいている．

11・7・1　イミニウムイオンを中間体とする反応

有機分子触媒の先駆けとなったキラル触媒はアミノ酸の一つであるプロリンであ

り，1971 年に分子内不斉アルドール反応(11・13)[*1] が報告され，2000 年以降，一般化されたり〔反応(11・14)〕，他の反応への応用が数多く報告されている[*2].

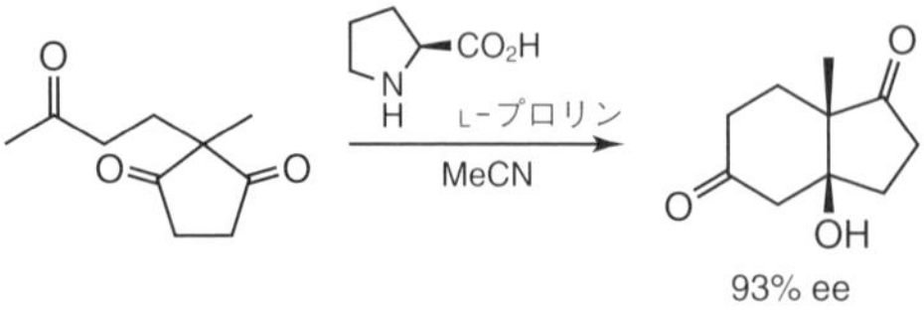

$$(11 \cdot 13)$$

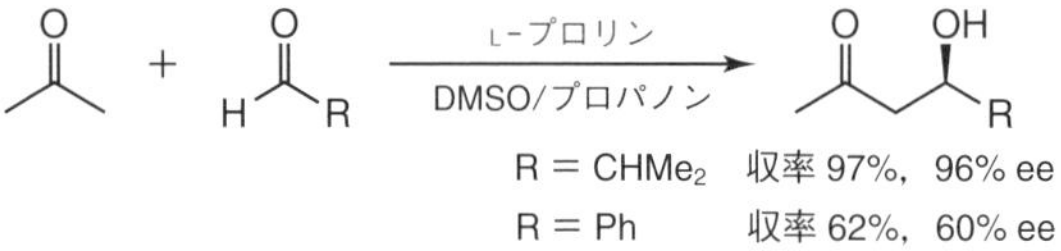

93% ee

$$(11 \cdot 14)$$

R = CHMe₂　収率 97%，96% ee
R = Ph　　　収率 62%，60% ee

このアルドール反応(11・14)には，ケトンのエナミンがエノラート等価体（求核種）としてアルデヒドと反応する機構（エナミン機構）が提案されている（§10・7・4 参照）．これは共有結合触媒であり，触媒機構は式(11・14a)のように表すことができる．プロリンのカルボキシ基は分子内の一般酸触媒として作用し，立体化学の制御にもかかわっている．

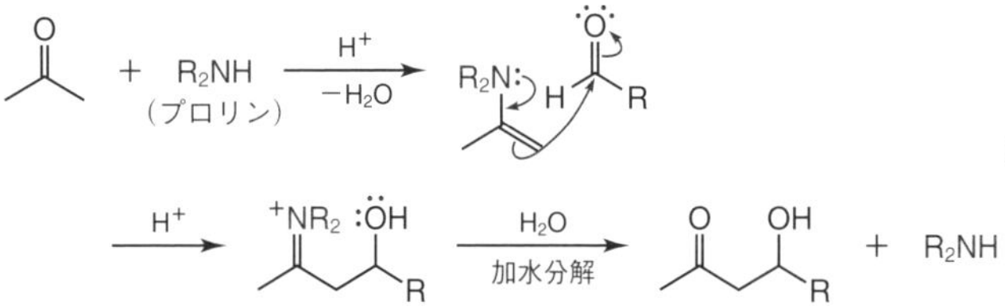

$$(11 \cdot 14a)$$

さらに反応効率（収率と選択性）を向上させるために数多くの環状第二級アミンがキラル触媒として提案された．代表的な例を次にあげる．

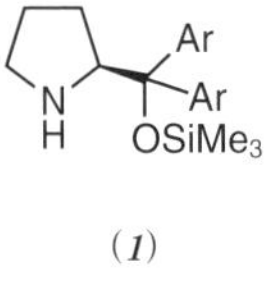

(1) 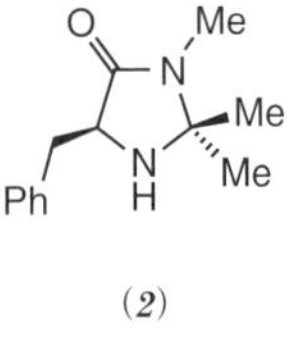　　　　(2) 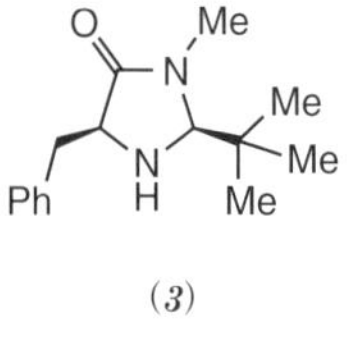　　　　(3) 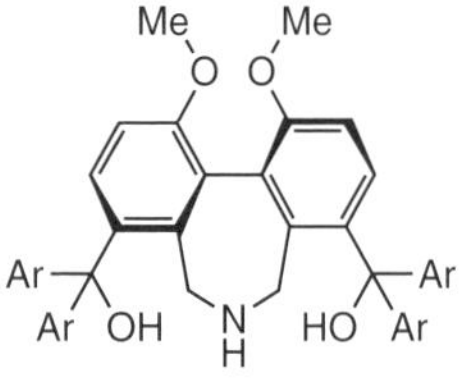　　　　(4)

---

*1　ee はエナンチオマー過剰率を表す．ee ＝ |R%－S%|.
*2　これらの反応はイミニウム塩を中間体とする触媒反応であり§11・5 でも述べたが，立体選択性が有機分子触媒の重要な要素になっている．しかし，立体化学の制御はルイス構造式に基づく電子の移動だけでは説明できないので，本書ではあまり立ち入らないことにする．

反応(11·13)と反応(11·14)ではエナミンが（エノラート等価体）として反応していたが，エノンのイミニウムイオンは求電子的に活性化された形で求核種との反応を促進する（イミニウム機構）．その例としてイミニウムイオンがジエノフィルとなるディールス–アルダー反応や弱い求核種の共役付加がある．

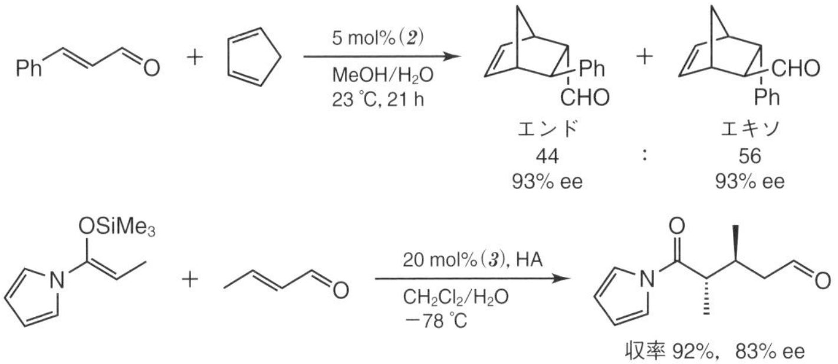

エンド
44
:
エキソ
56
93% ee
93% ee

収率 92%，83% ee

問題 11·7 上の共役付加反応がどう進むか巻矢印で表せ．(**3**) を R$_2$NH と書き，立体化学は無視してよい．

11·7·2 第三級アミンによる求核触媒

第一級と第二級アミンは，§11·5で説明し§11·7·1でも述べたように，カルボニル化合物とイミニウム塩を形成して触媒作用を示す．一方，第三級アミンはカルボン酸誘導体の反応において求核触媒として作用する（§11·5参照）．

無水酢酸によるアルコールのアシル化（エステル生成）における DMAP の求核触媒作用は，次に示すような反応機構で起こると考えられる．

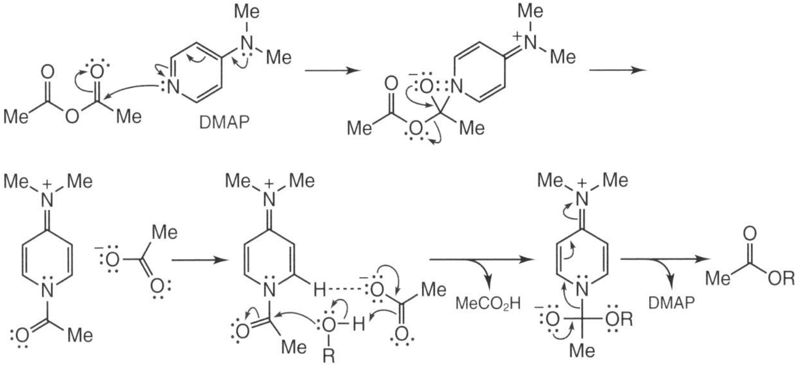

　この反応機構を念頭に，キラリティーを導入した有機求核触媒〔例：(5)，(6)〕が考案され，アシル化触媒やそれに基づく速度論的光学分割に用いられている．

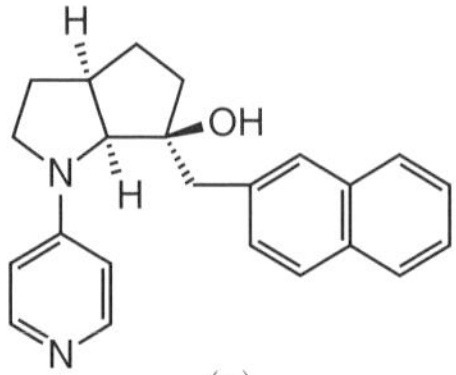

　次の例は，1,2-ジオールのモノエステルのラセミ体を触媒(5) 存在下に酸無水物と反応させたとき，(S)-アルコールのほうが優先的にアシル化されて，変換率70%では未反応の(R)-アルコールがほぼ純粋な(>99% ee) エナンチオマーとして得られることを示している．

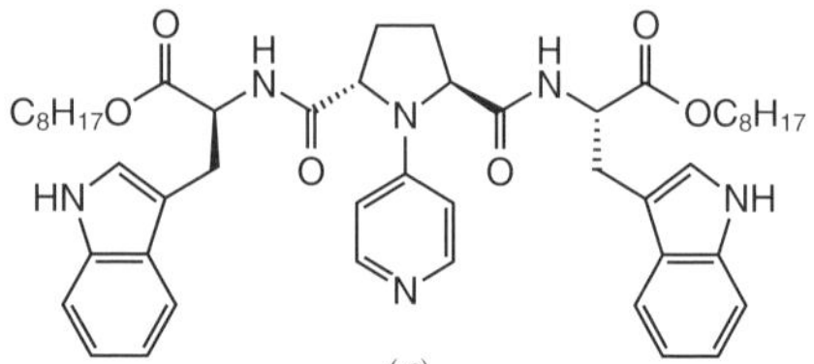

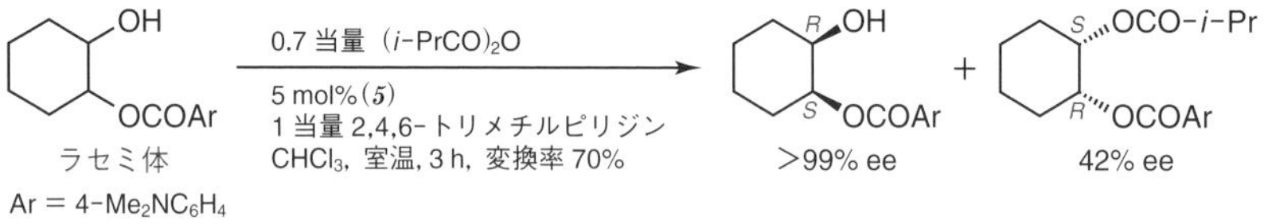

　グルコシドの位置選択的なアシル化も達成されている．グルコースのOH基のなかでは，立体障害の小さい第一級OH基の反応性が高いが，触媒(6) を用いると98%の収率でグルコシドの4-OH基が非常に高い選択性（99%）でアシル化される．このような選択的反応が他の糖質にも応用されている．

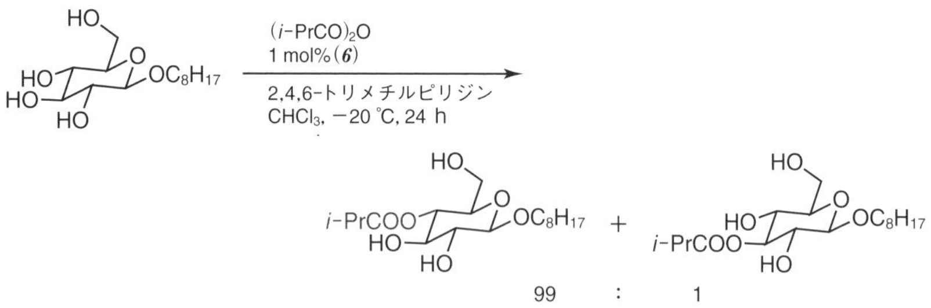

問 題 の 解 答

1・1 (a) HC(CH₃)₃　(b) (CH₃)₂C=CHCH₃　(c) (CH₃)₂CHOH

(d) CH₃CH₂OCH₂CH₃ または (CH₃CH₂)₂O　(e) CH₃CH₂NHCH₂CH₂CH₃

1・2

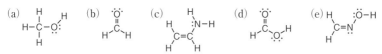

1・3

(a) $\overset{\delta+}{C}\!-\!\overset{\delta-}{N}$　(b) $\overset{\delta+}{C}\!-\!\overset{\delta-}{Cl}$　(c) $\overset{\delta-}{C}\!-\!\overset{\delta+}{Li}$　(d) $\overset{\delta-}{O}\!-\!\overset{\delta+}{H}$　(e) $\overset{\delta+}{H}\!-\!\overset{\delta-}{F}$

1・4

(a) 〔structure〕　(b) 〔structure〕　(c) H₃C—NH₂　(d) H₃C—C≡N　(e) 〔structure〕

1・5

(a) 〔resonance structures〕

(b) 〔resonance structures〕

(c) 〔resonance structures〕

(d) 〔resonance structures〕

(e) 〔resonance structures〕

1・6 (a) *S*　(b) *R*　(c) *S*　(d) *R*　(e) *S*

1・7 純粋な極性化合物は液体では双極子–双極子相互作用をもっているが，無極性溶媒に少量溶けると溶媒分子に生じる誘起双極子との相互作用しかもてなくなるので，分子間相互作用が弱まり安定化エネルギーを失うことになる．

1・8 〔structure〕

1・9 液体状のエタノールは水素結合をつくっているが，エーテルはファンデルワール

ス力しかもっていないので，分子間相互作用が弱く分子がばらばらになって気体になりやすい．すなわち，低沸点である．

2・1

```
CH₃CH₂      ..                    CH₃CH₂  +   ⁻BF₃
        O:  +  BF₃    ⇌                   O
CH₃CH₂  ..                         CH₃CH₂
```
　　　ルイス塩基　　　ルイス酸　　　　　ルイス酸-塩基付加物

2・2

　　　ルイス塩基　　　　ルイス酸　　　　　ルイス酸-塩基付加物
（ベンズアルデヒド）

2・3

　　求電子種　　　　　　求核種

2・4　（a）Br^-　　　（b）HCO_2^-　　　（c）CH_3NH^-　　　（d）CH_3O^-

2・5　（a）HCl　　　（b）C_2H_5OH　　　（c）$CH_3OH_2^+$　　　（d）$CH_3NH_3^+$

2・6　H_2S のほうが強い．H−S 結合が H−O 結合より弱いため．

2・7

2・8　アニリンは，共鳴によって N の非共有電子対がフェニル基のほうに供与されているので H^+ と結合しにくい．したがって，塩基性が低い．

2・9　（a）メトキシ基の O は電気陰性度が大きいのでメタ位にあると誘起的な電子求引効果が現れ，パラ位にあると非共有電子対の供与による共役的な電子供与効果が大きく現れる．したがって，メタ体のほうが酸性が強い．

（b）ニトロ基の共役による電子求引効果がパラ位で大きく現れるのでパラ体の酸性が強くなる．

2・10　（a）F も含めて，ハロゲン置換基の電子求引性がパラ位よりもメタ位で大きくなる（$\sigma_m > \sigma_p$）のは，電気陰性度の効果がパラ位では非共有電子対の供与（共役効果）によって減少するためである．

（b）F が C と同じ第 2 周期元素で原子軌道の大きさが似ているために共役効果が大きく現れ，第 4 周期の Br よりも σ_p 値を特に小さくしている．

2・11

アリルアニオン

ベンジルアニオン

2・12　§10・6参照.

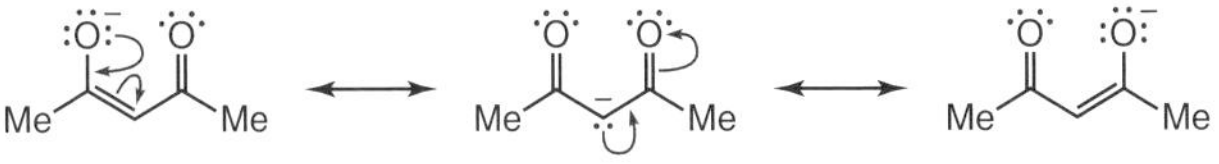

3・1

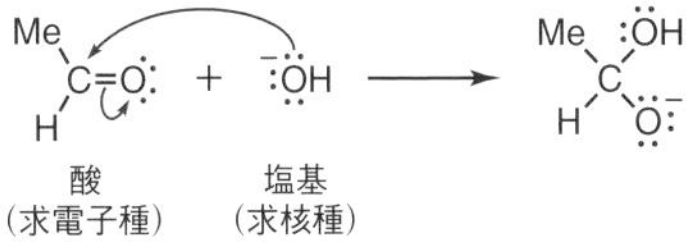

酸　　　　　　　　塩基
（求電子種）　　（求核種）

3・2

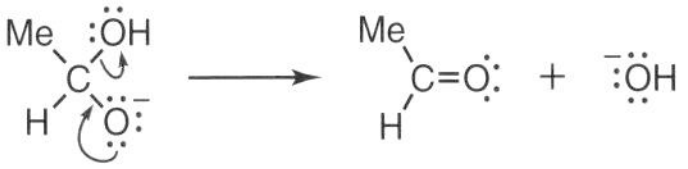

3・3

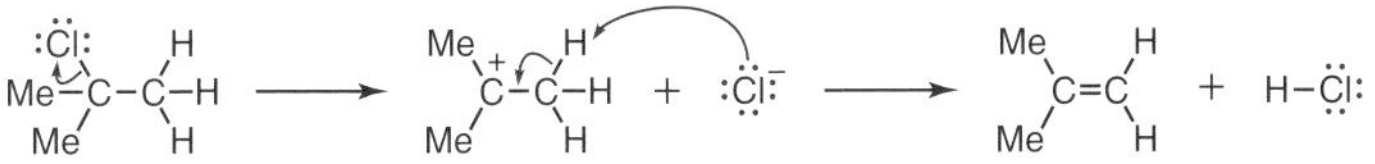

3・4

(a)

(b)

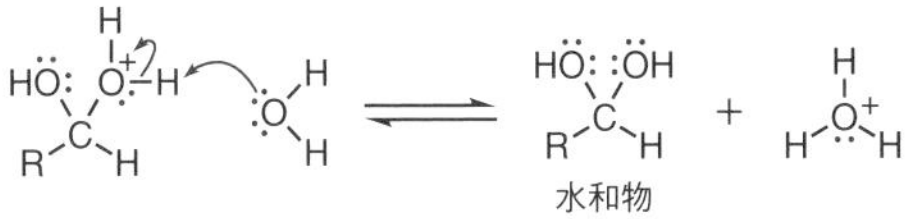

水和物

3・5

3・6

(a)

(b)

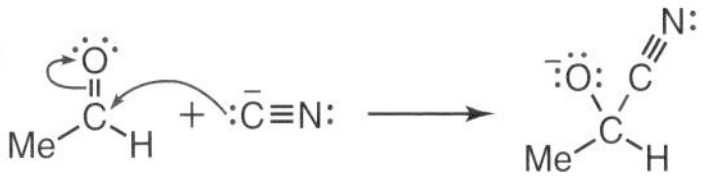

(c)

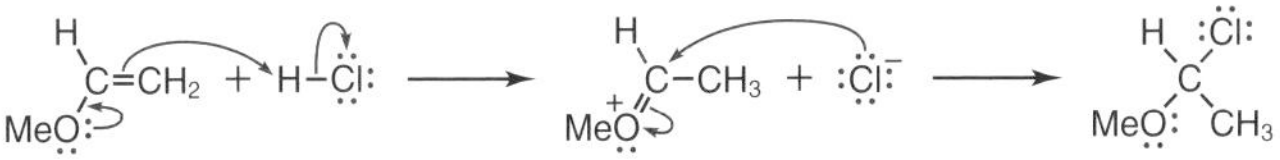

(d)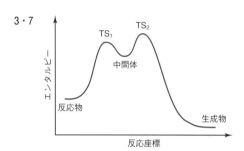

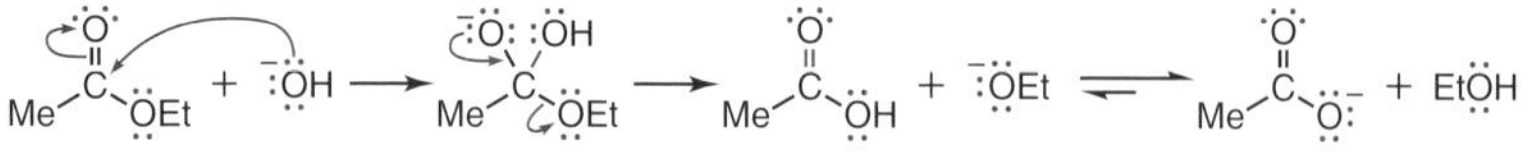

(d) では二段階反応に続いて，酸塩基反応が起こる．

3・7

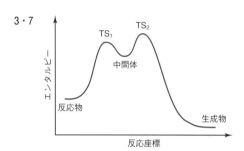

4・1

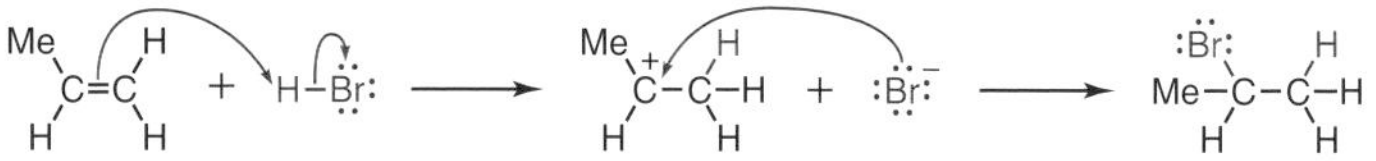

4・2

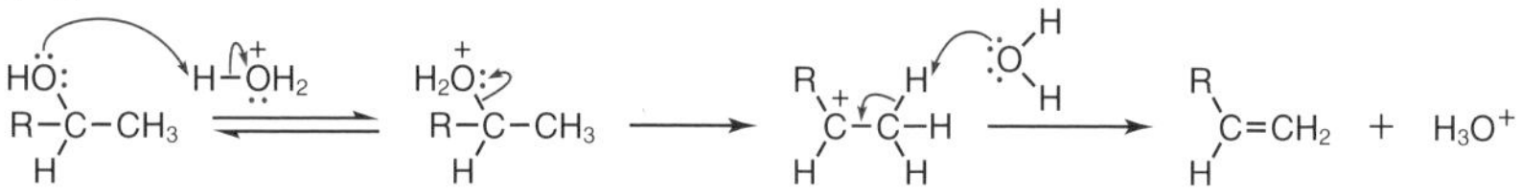

4・3

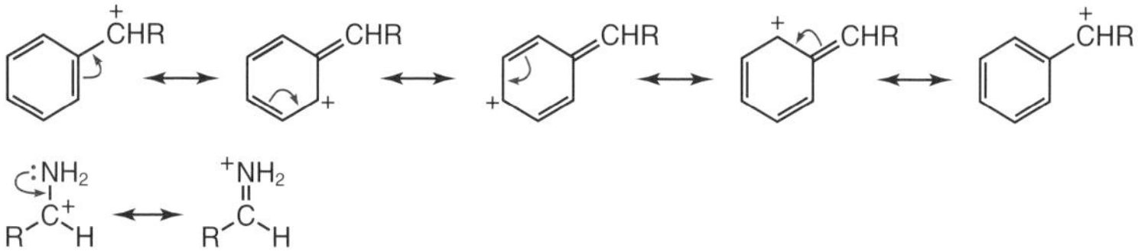

4・4　(a) 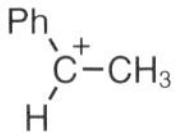 (b) 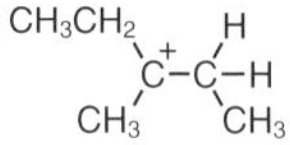 (c) 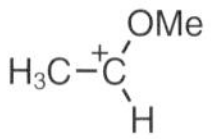 (d)

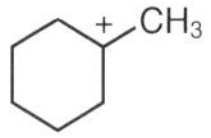

4・5　(a) 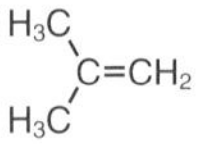 (b) 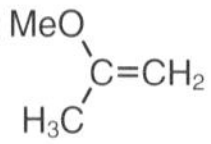 (c) 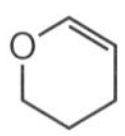 (d)

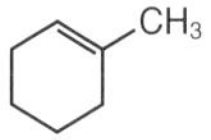

4・6　(a) 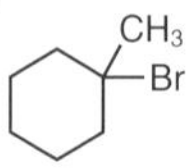 (b) 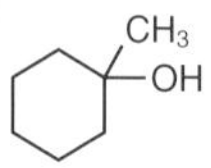 (c)

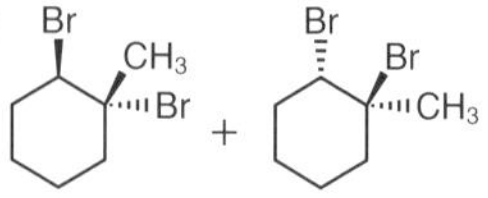

(d)

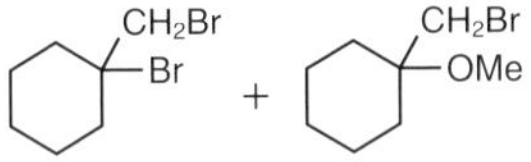

4・7　(a) 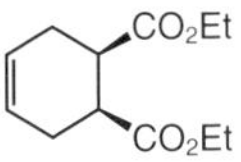 　　(b) 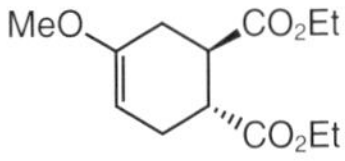 　　(c)

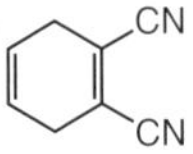

5・1

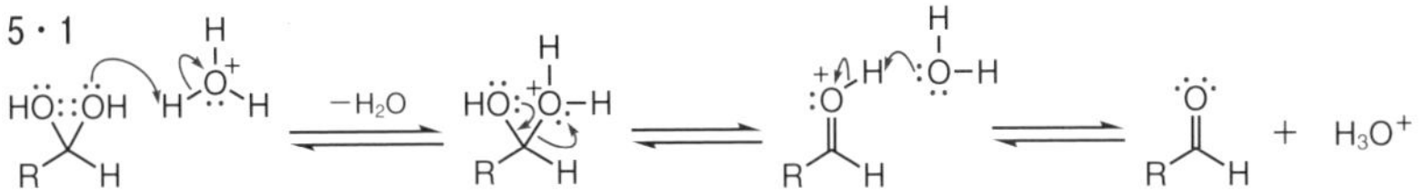

5・2

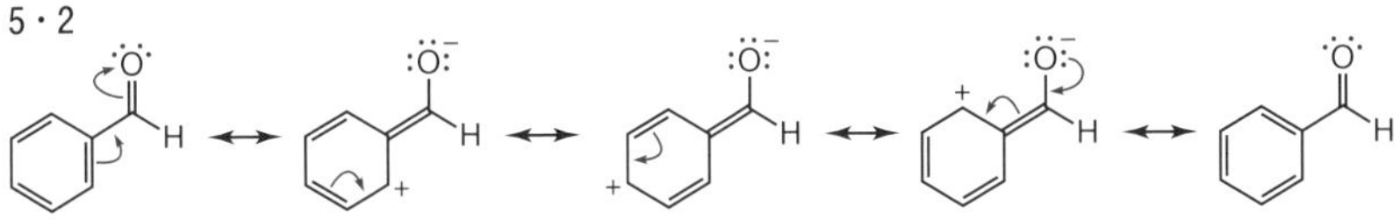

5・3

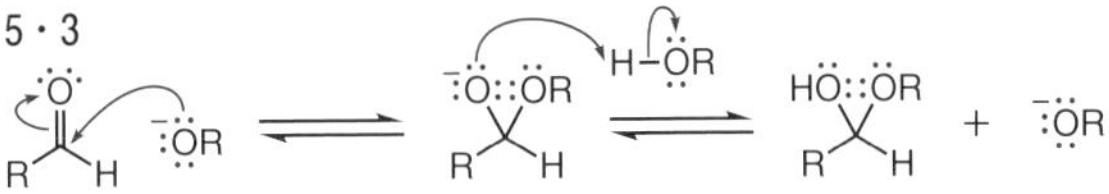

5・4

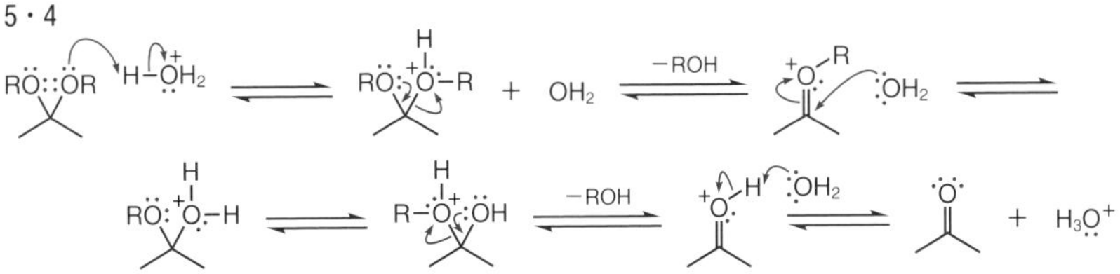

5・5　(a) 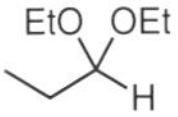 　(b) 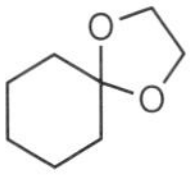 　(c)  　(d)

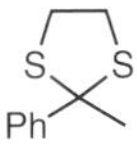

5・6

5・7　酸性溶液ではアミンがプロトン化されて求核性を失うので第一段階が遅くなり，塩基性溶液では酸触媒濃度が低くなるので第二段階の脱水が遅くなる．

5・8　C4

5・9

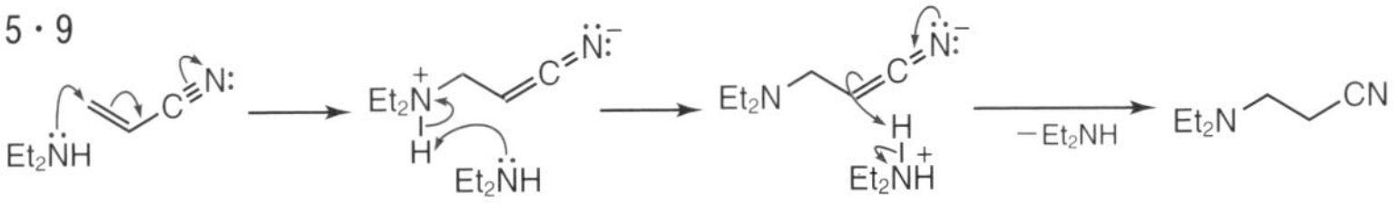

6・1

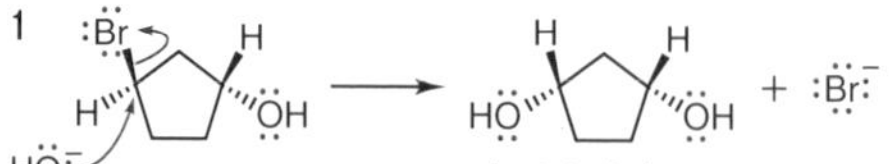

cis-1,3-シクロ
ペンタンジオール

背面攻撃により立体反転するの
で，生成物はシス体になる．

6・2

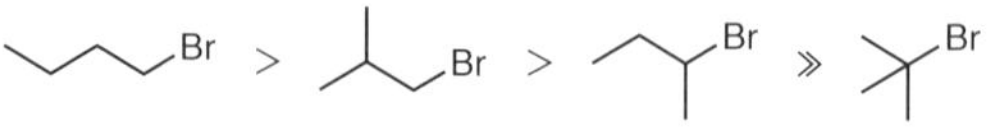

第一級　　＞　　第一級　　＞　　第二級　　≫　　第三級

6・3　(a) カチオンとアニオンの反応において TS で電荷分離が解消される．したがって，反応とともに極性が低くなるので，極性の高い溶媒 (H_2O) で反応原系がより安定化され，活性化エネルギーが大きくなり，反応は遅い．
(b) TS でわずかな電荷分散が起こるだけなので，溶媒極性の影響は小さい．

6・4　THF 中では S_N2 反応で $CH_3C{\equiv}CCH_3$ を生成するが，H_2O 中では H_2O が酸として反応し $CH_3C{\equiv}CH$ になる．

6・5　(a) 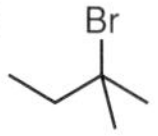　　　　(b) 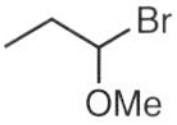　　　　(c) 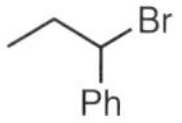　　　　(d)

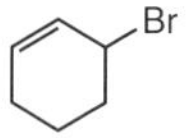

(a) では第三級アルキル化合物，(b)，(c)，(d) ではそれぞれカルボカチオンで共役可能なものの反応性が高い．

6・6　(a) と (c) は S_N1 反応で，(c) はラセミ体．(b) と (d) は S_N2 反応．
(a) 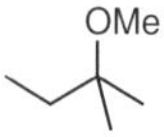　　　　(b) 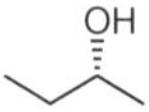　　　　(c) 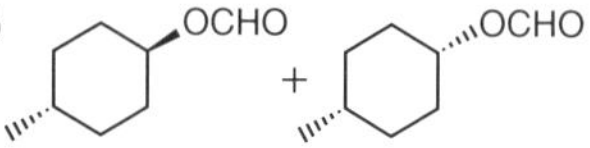　　　　(d)

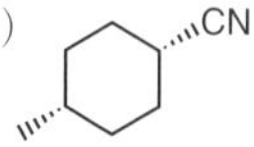

6・7

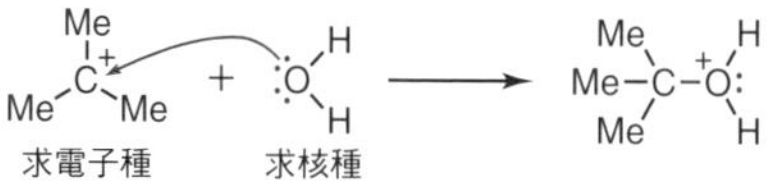

求電子種　　　　求核種

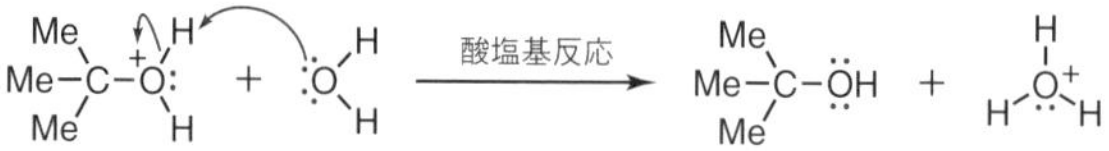

酸塩基反応

酸　　　　塩基

6・8

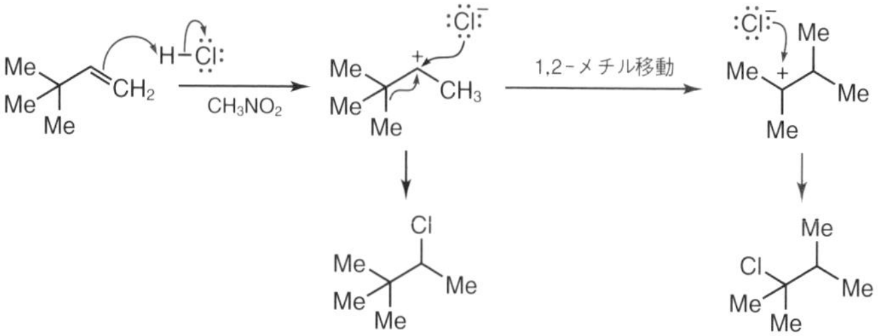

CH_3NO_2

1,2-メチル移動

17%　　　　　　　　　83%

6・9

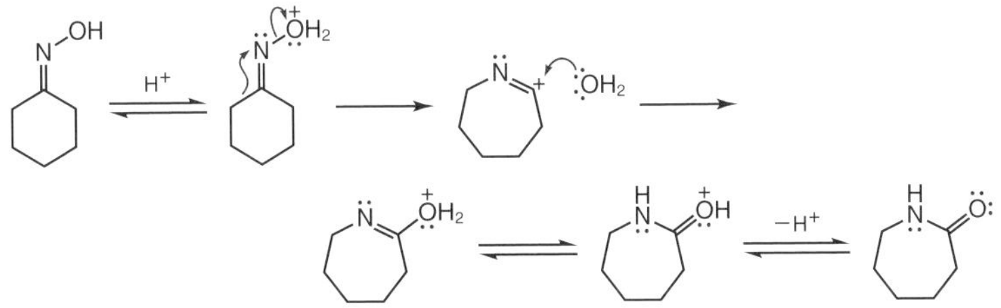

6・10

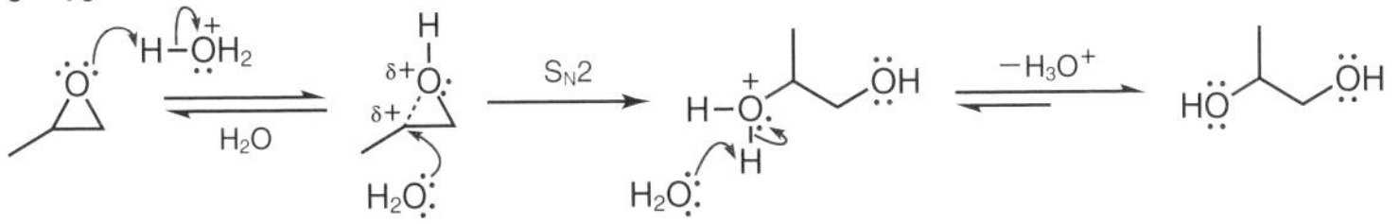

7・1 （a）

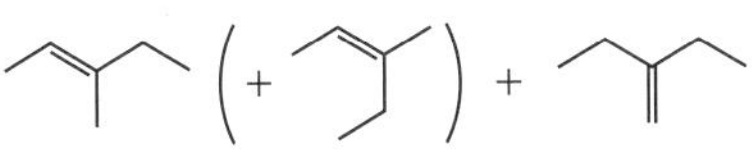

（b）

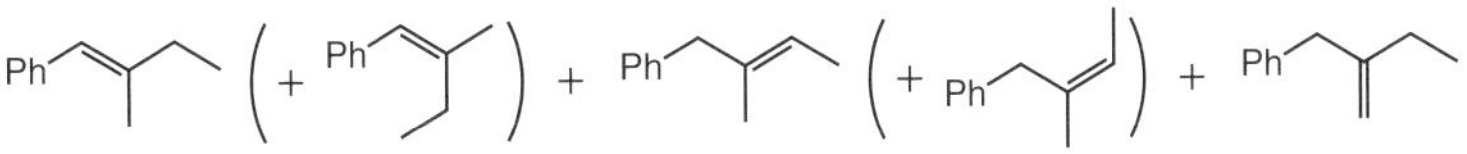

最初に書いたものが主生成物であり，かっこ内には Z 異性体を書いた．

7・2 （a） 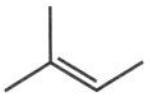　　　　　（b） 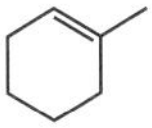　　　　　（c）

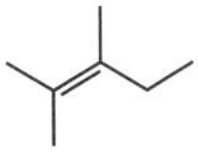

7・3　通常の塩基による E2 反応では内部アルケンが主生成物になるが，かさ高い塩基を使うと立体障害を避けて末端アルケンを主生成物として与える．

7・4　（a）は塩基性と求核性の強い条件であり，第三級化合物には S_N2 反応が起こらないので E2 反応が主反応となる．（b）は非プロトン性極性溶媒中で Br^- の求核性が強いので S_N2 反応が優先的に起こる．

（a） 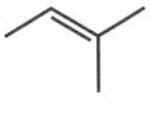　　　　　　（b）

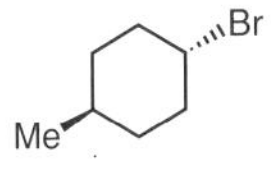

8・1

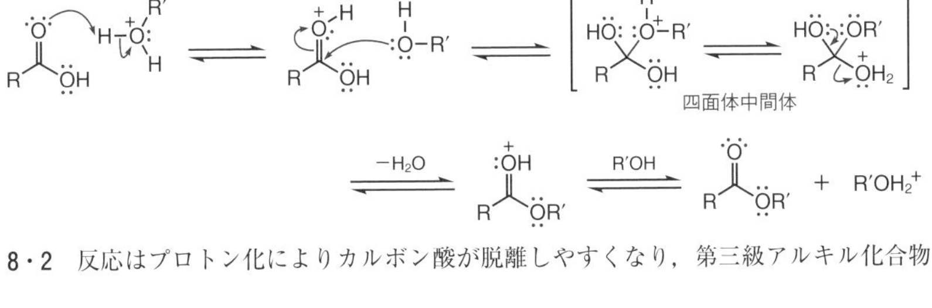

8・2　反応はプロトン化によりカルボン酸が脱離しやすくなり，第三級アルキル化合物

として S_N1 機構で反応するために，アルキル基側で結合切断が起こる．

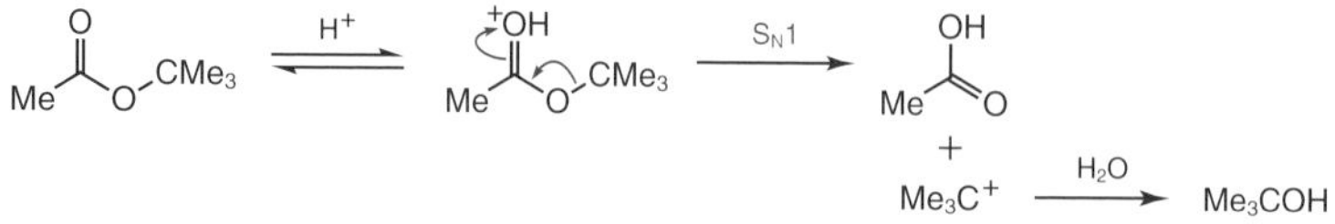

8・3　エステル交換では生成物がエステルで，塩基が消費されない．

8・4　酸塩基反応によりカルボン酸イオンとアンモニウムイオンになる．

8・5　アミドは共鳴によりNの非共有電子対が非局在化しているために弱塩基性である．プロトン化は主としてOに起こる．

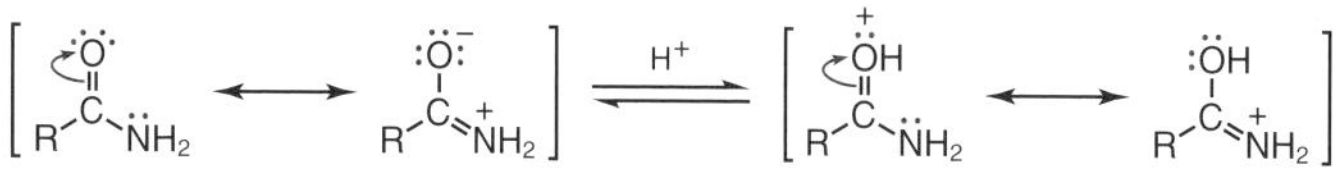

8・6

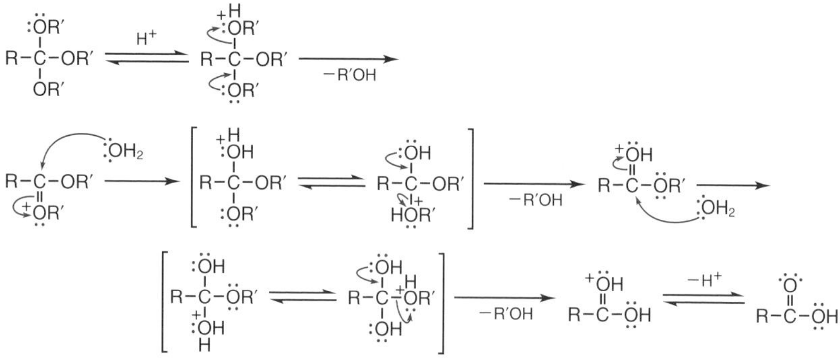

8・7　H^+ はカルボニルOに付加するが，アルデヒド炭素の酸化数は +1 から変化しない．すなわち，酸化も還元も起こっていない．H^- はCに付加して酸化数が +1 から −1 になっている．

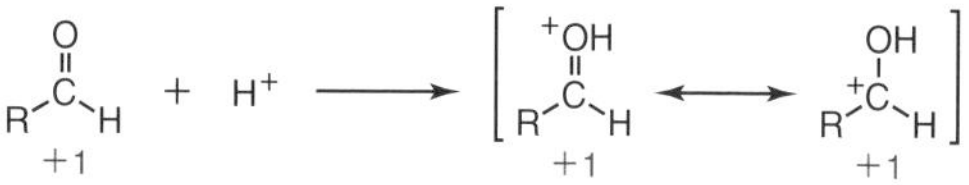

8・8　アルデヒドの水和物には α 水素があるので酸化できる．

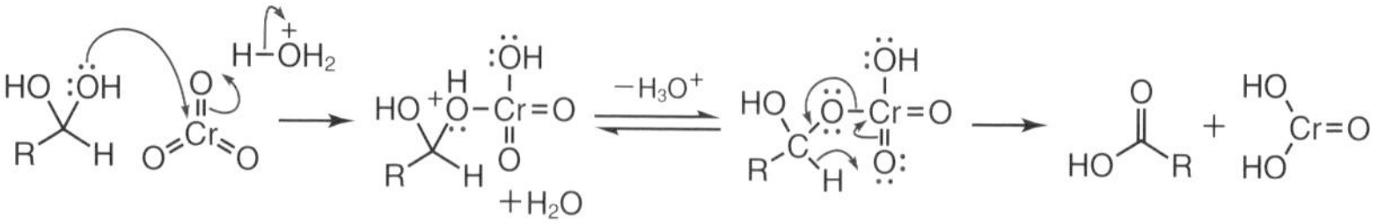

9・1

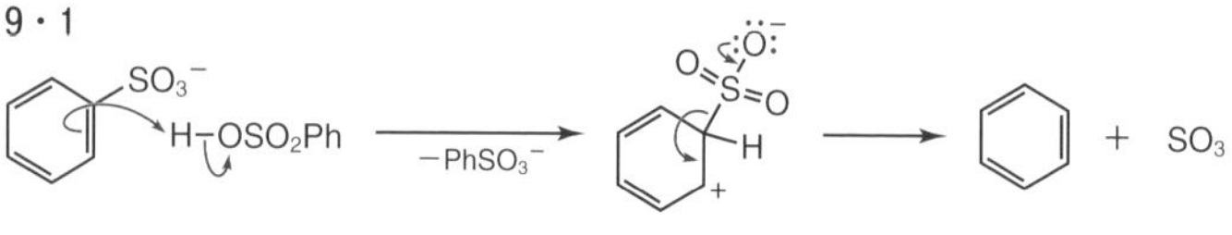

9・2

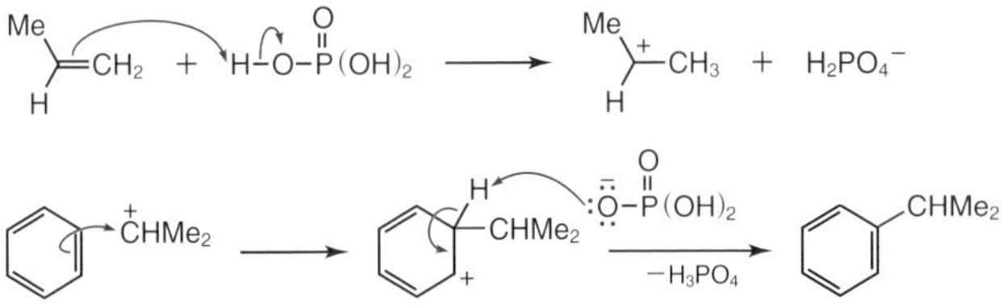

9・3　次の共鳴において，四つ目の共鳴寄与式の寄与が大きいのでパラ置換体が生成しやすい．

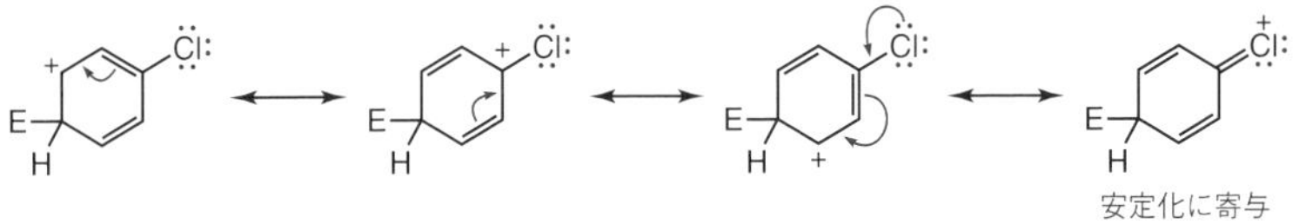

安定化に寄与

9・4　(a) CH_2 に結合した基は誘起効果を示し，電気陰性度とともに電子求引性が増す（CH_3 は弱い電子供与基）．

$Ph-CH_2CH_3 > Ph-CH_2OMe > Ph-CH_2Cl$

(b) ベンゼン環に結合した O は共役効果で活性化するが，アセチル基はその程度を抑える．

$Ph-OMe > Ph-O\overset{\overset{\displaystyle O}{\|}}{C}Me > Ph-CH_3$

(c) CH_3 は弱い電子供与性，F は共役により電子求引性を弱めている．CF_3 は強い電子求引性を示す．

$Ph-CH_3 > Ph-F > Ph-CF_3$

9・5　(a)

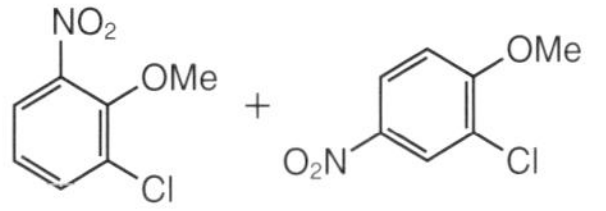

(b)

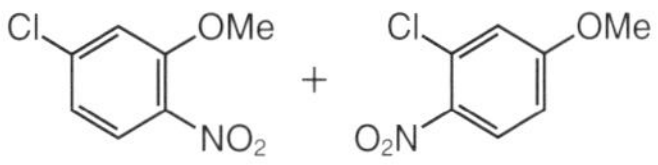

(c)

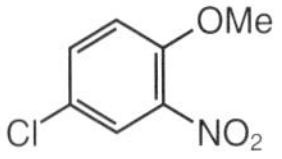

(d)

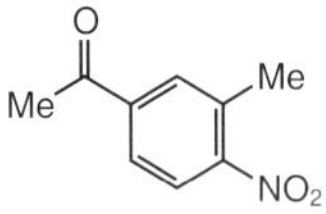

(e)

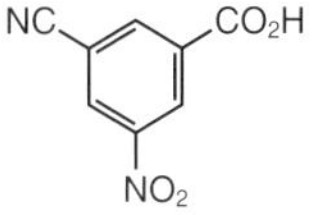

(f)

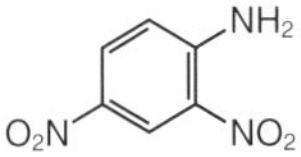

(g)

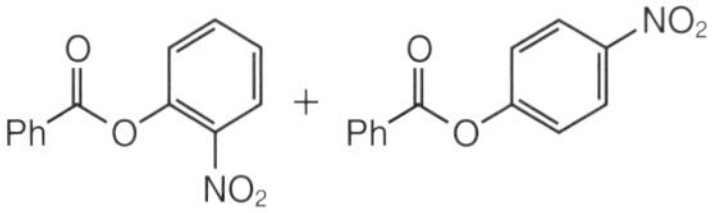

9・6

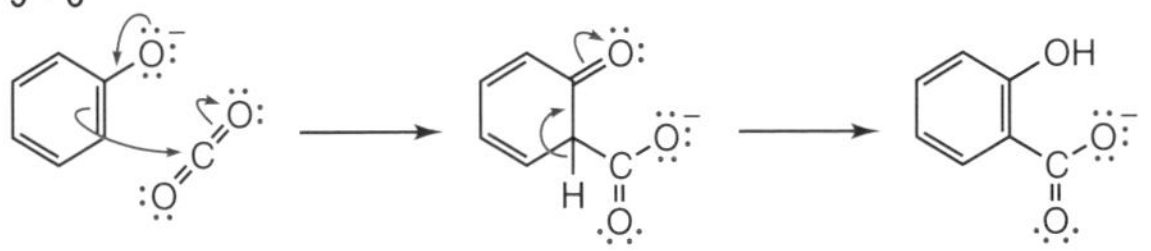

10・1　フェニルエタナールのベンゼン環はカルボニル基と共役できないが，エノールになると二重結合がベンゼン環と共役でき安定化される．

10・2　それぞれ2種類のエノールが可能だが，一つ目に示したものがより多くの置換基によって安定化されている．

(a)
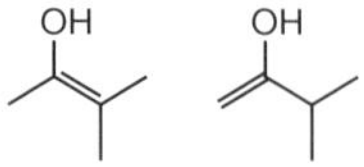

(b)
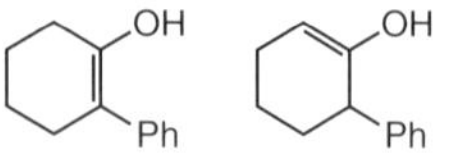

10・3　生成したエノールが酸性であり，それを中和するために HO^- が消費される．

10・4

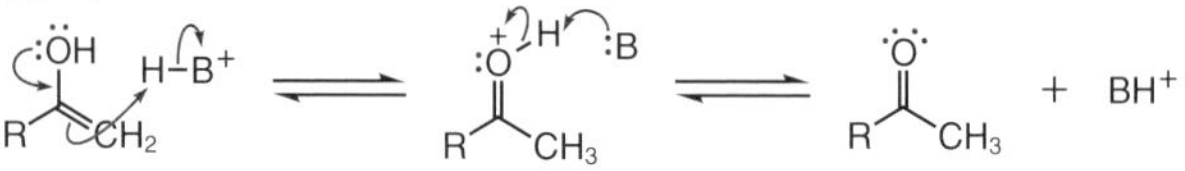

10・5

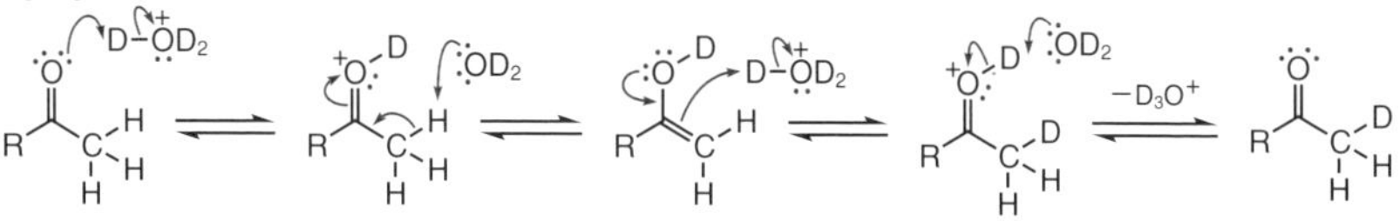

10・6

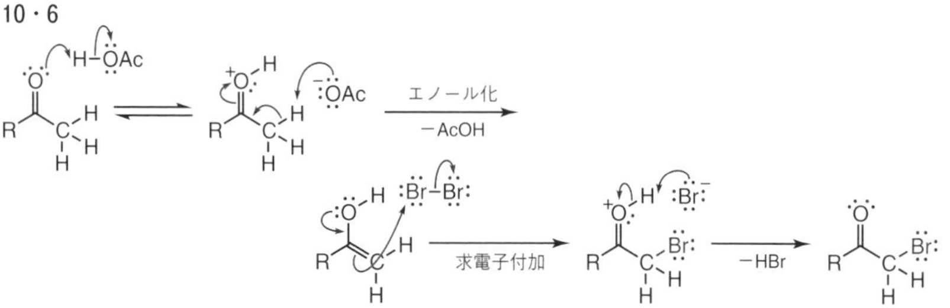

10・7　律速段階がエノール化であるため，ハロゲンの種類に依存しない．また濃度にも依存しない．

10・8

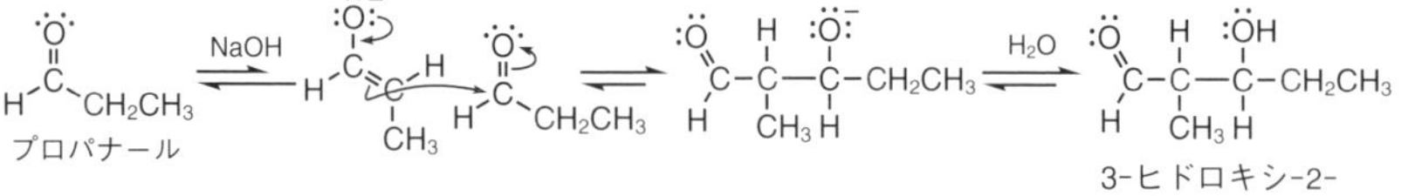

プロパナール　　3-ヒドロキシ-2-メチルペンタナール

10・9
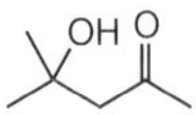

10・10

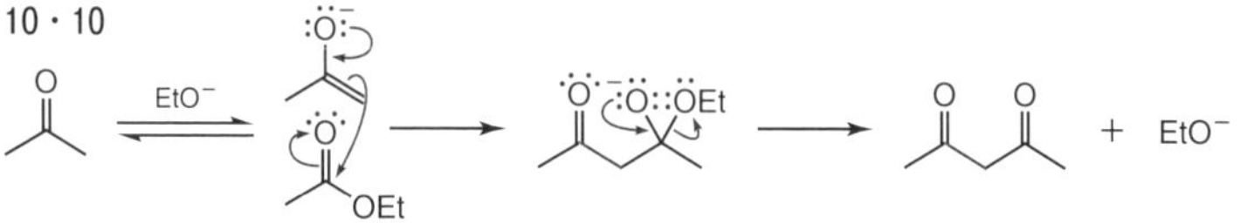

10・11

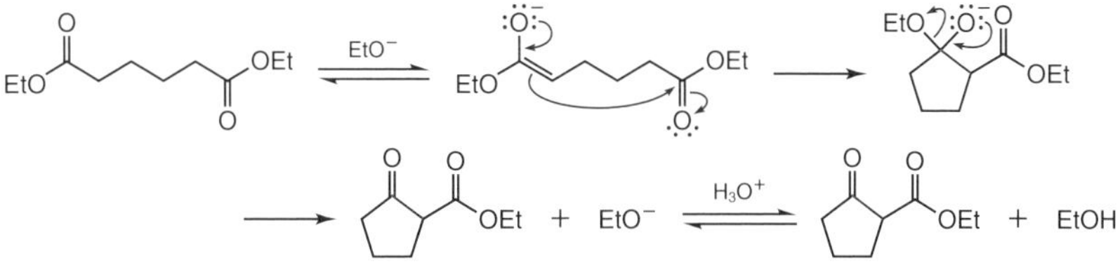

10・12

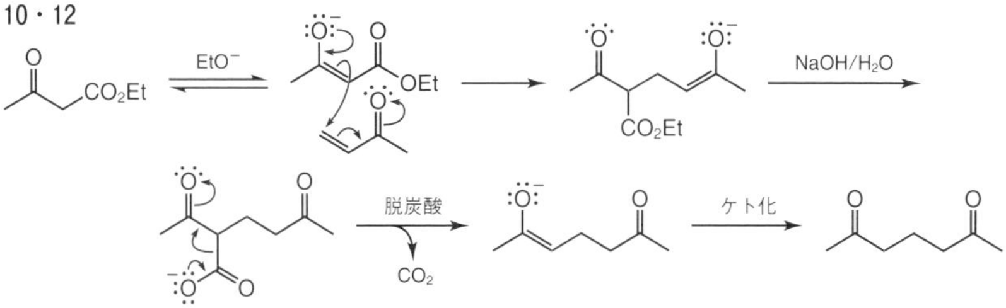

10・13

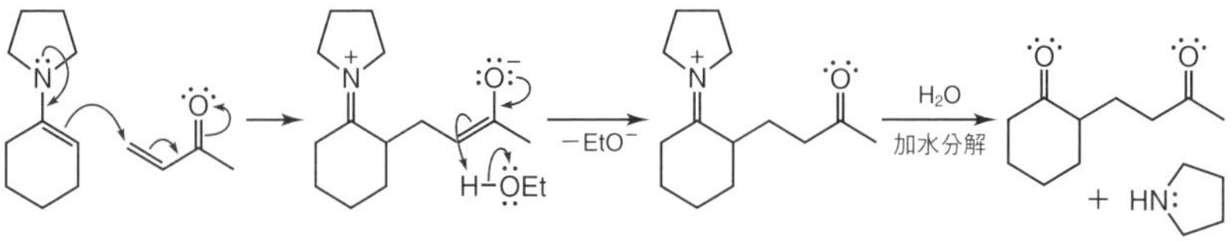

10・14

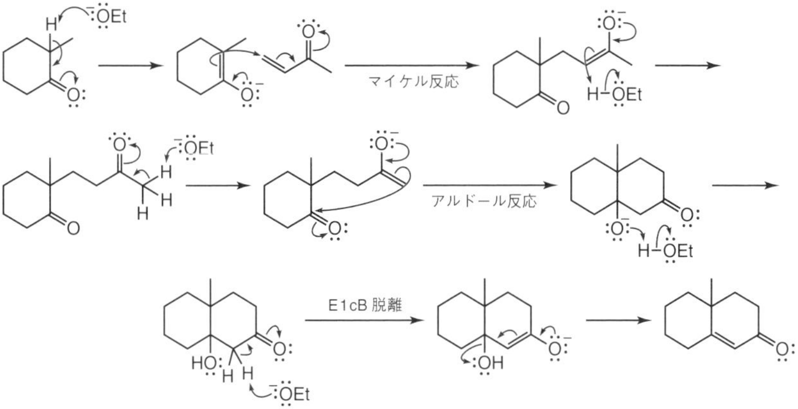

11・1　$k_{obsd} = k_H[H_3O^+] + k_{HA}[HA]$

11・2

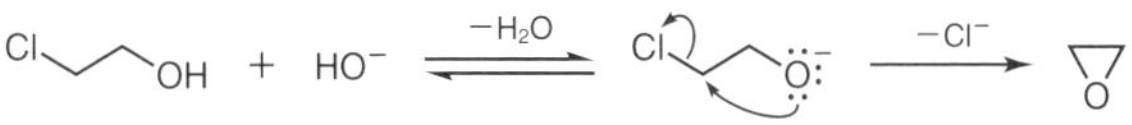

生成物の一つが Cl^- であり，HO^- を再生できないので触媒反応にならない．H_2O に

よる加水分解と考えれば，副生物は HCl である．

11・3

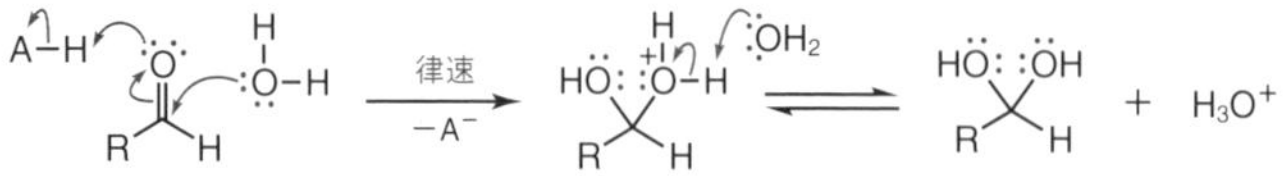

三分子反応は一般に起こりにくいが，ここでは H_2O が溶媒なので第一段階が起こる．
これが律速になり，脱水反応と同じ遷移状態を経て反応する（"微視的可逆性の原理"と
いう）．

11・4

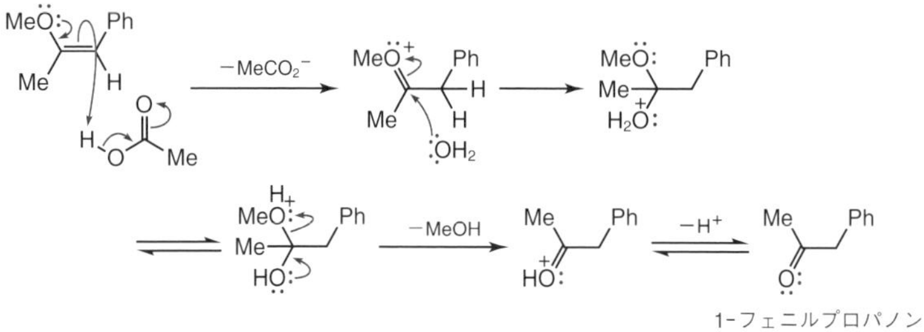

1-フェニルプロパノン

11・5

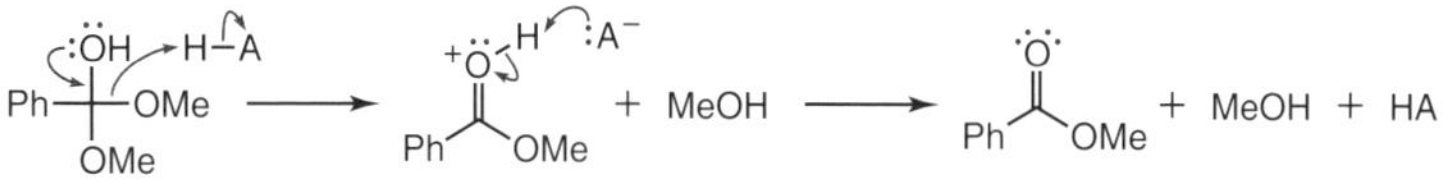

11・6

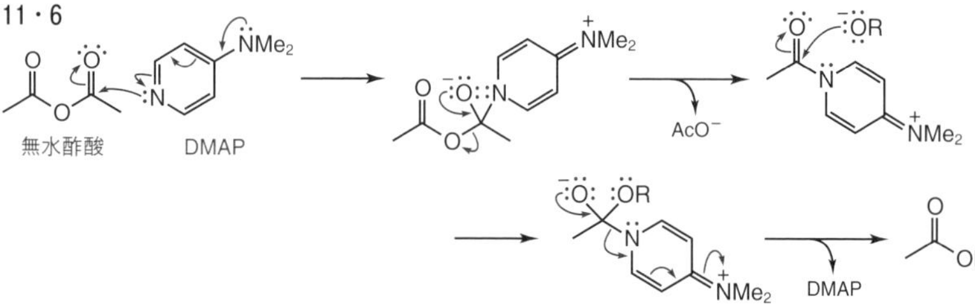

無水酢酸　　DMAP

11・7

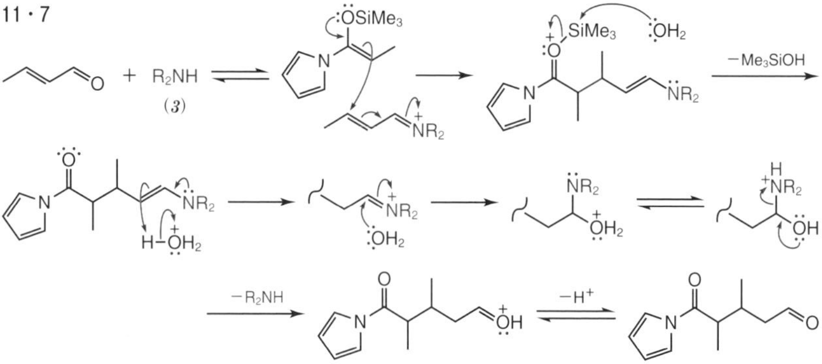

索　引

ま〜ろ

奥　山　　格
1940 年 岡山県に生まれる
1963 年 京都大学工学部 卒
兵庫県立大学名誉教授
専門 有機反応化学
工学博士

第 1 版 第 1 刷 2020 年 3 月 23 日 発行

有機反応機構
酸・塩基からのアプローチ

ⓒ 2 0 2 0

著　者	奥　山　　格
発行者	住　田　六　連

発　行　株式会社東京化学同人
東京都文京区千石 3 丁目 36-7(〒112-0011)
電話 (03)3946-5311・FAX (03)3946-5317
URL: http://www.tkd-pbl.com/

印　刷　日本フィニッシュ株式会社
製　本　株式会社松岳社

ISBN978-4-8079-0968-1
Printed in Japan

酸性度定数 pK_a

無機酸

H_2O	15.74†	H_2SO_4	−3	HCO_3^-	10.33
H_3O^+	−1.74†	HSO_4^-	1.99	H_2S	7.0
HI, HBr, HCl	−10〜−7	HNO_3	−1.64	NH_4^+	9.24
HF	3.17	H_3PO_4	1.97	NH_3	35
$HClO_4$	−10	$H_2PO_4^-$	6.82		

有機酸

アルコール		$^-O_2CCH_2CO_2H$	5.70	$H_2NCH_2CH_2NH_3^+$	9.93
CH_3OH	15.5	スルホン酸，スルフィン酸		$C_6H_5NH_3^+$	4.60
$MeCH_2OH$	15.9	$C_6H_5SO_3H$	−2.8	$p\text{-}MeC_6H_4NH_3^+$	5.08
Me_2CHOH	17.1	CF_3SO_3H	−5.5	$p\text{-}NO_2C_6H_4NH_3^+$	0.99
Me_3COH	19.2	$C_6H_5SO_2H$	1.21	(ピペリジニウム NH_2^+)	11.1
$ClCH_2CH_2OH$	14.3	ヒドロペルオキシ化合物		(モルホリニウム O〜NH_2^+)	8.4
CF_3CH_2OH	12.4	$MeCO_3H$	8.2	(環状 NH^+)	11.0
フェノール		Me_3COOH	12.8	(DABCO, N〜NH^+)	8.4
C_6H_5OH	9.99	チオール		(イミダゾリウム HN〜NH^+)	6.99
$p\text{-}MeC_6H_4OH$	10.28	CH_3SH	10.33	(ピリジニウム NH^+)	5.25
$p\text{-}NO_2C_6H_4OH$	7.14	C_6H_5SH	6.61	(DBN)	13.5
カルボン酸		アミン，アミド		(グアニジニウム H_2N〜$C(^+NH_2)$〜NH_2)	13.6
HCO_2H	3.75	$(Me_2CH)_2NH$	38		
$MeCO_2H$	4.76	$C_6H_5NH_2$	27.7		
Me_3CCO_2H	5.03	$MeCONH_2$	15.1		
$HOCH_2CO_2H$	3.83	アンモニウムイオン			
$ClCH_2CO_2H$	2.86	$CH_3NH_3^+$	10.64		
FCH_2CO_2H	2.59	$(CH_3)_2NH_2^+$	10.73		
CF_3CO_2H	−0.6	$(CH_3)_3NH^+$	9.75		
$C_6H_5CO_2H$	4.20	$(C_2H_5)_3NH^+$	10.65		
$p\text{-}MeC_6H_4CO_2H$	4.37	$HOCH_2CH_2NH_3^+$	9.50		
$p\text{-}NO_2C_6H_4CO_2H$	3.44	$CF_3CH_2NH_3^+$	5.7		
$HO_2CCH_2CO_2H$	2.85	$H_3N^+CH_2CH_2NH_3^+$	6.85		

有機基質の共役酸

$CH_3\overset{+}{O}H_2$	−2.2	$Me\text{-}C(^+OH)\text{-}OEt$	−6.5	$Me\text{-}C(^+OH)\text{-}NH_2$	−0.6
$(CH_3)_2\overset{+}{O}H$	−3.8				
$Me\text{-}C(^+OH)\text{-}Me$	−7.2				

† この pK_a は，25 °C における水溶液中の溶質(1 mol kg^{-1} の理想溶液を標準状態とする)としての酸性度である．溶媒としての H_2O の pK_a は 14.00，対応する H_3O^+ の pK_a は 0.00 となる(純溶媒を標準状態とする).